普通高等教育"十三五"规划教材·计算机系列

Access 数据库程序设计

宋绍成　王姗姗　主　编

柳崧轶　刘　颖
　　　　　　　　副主编
王静茹　张滴石

U0311411

科学出版社

北　京

内 容 简 介

本书以应用为目的，以案例为引导，详细介绍了 Access 2010 的主要功能和使用方法。全书共 8 章，主要内容包括数据库系统基础知识、Access 2010 概述、数据表的创建与数据管理、查询的创建与使用、窗体的创建与使用、报表的创建与使用、宏的创建与使用、模块和 VBA 编程。

本书结构严谨，知识点全面，通俗易懂，注重实用性和可操作性。全书以"教务管理系统"的设计与开发为具体项目，读者可以边学习、边实践，从建立空数据库开始逐步建立数据库中的各种对象，直至完成一个完整的数据库管理系统，并由此掌握 Access 2010 数据库及其应用系统的设计与开发。

本书可以与《Access 数据库程序设计实验教程》（宋绍成，张滴石主编，科学出版社）配套使用，适合作为高等院校非计算机专业数据库程序设计及相关课程的教材，也可作为全国计算机等级考试二级 Access 数据库程序设计的自学参考用书。

图书在版编目（CIP）数据

Access 数据库程序设计/宋绍成，王姗姗主编.—北京：科学出版社，2017.12
（普通高等教育"十三五"规划教材·计算机系列）
ISBN 978-7-03-055741-4

Ⅰ.①A… Ⅱ.①宋… ②王… Ⅲ.①关系数据库系统—程序设计—高等学校—教材 Ⅳ.①TP311.138

中国版本图书馆 CIP 数据核字（2017）第 294082 号

责任编辑：戴 薇 王 惠 / 责任校对：王万红
责任印制：吕春珉 / 封面设计：东方人华平面设计部

科学出版社 出版

北京东黄城根北街 16 号
邮政编码：100717
http://www.sciencep.com

三河市良远印务有限公司印刷
科学出版社发行 各地新华书店经销
*

2017 年 12 月第 一 版 开本：787×1092 1/16
2017 年 12 月第一次印刷 印张：18 1/4
字数：418 000
定价：46.00 元
（如有印装质量问题，我社负责调换〈良远印务〉）
销售部电话 010-62136230 编辑部电话 010-62135397-2052

前　　言

　　Access 是 Microsoft Office 应用软件的一个重要组件，是基于 Windows 平台的关系数据库管理系统。它界面友好，操作简单，功能全面，使用方便，不仅具有一般数据库管理软件所具有的功能，还进一步增强了网络功能，用户可以通过 Internet 共享 Access 数据库中的数据。Access 自发布以来，已逐步成为桌面数据库领域的佼佼者，深受广大用户的欢迎。

　　本书以 Access 2010 为数据库的操作平台，向学生讲解一个面向对象的、采用事件驱动机制的新型关系数据库的设计与开发过程，全面介绍关系数据库的相关知识，使学生掌握使用 Access 2010 进行小型网络数据库设计和管理的方法，并掌握在 Internet 上开发、管理和发布数据库的方法。通过 Access 2010 数据库的学习，学生可以对各种数据对象、网络数据库设计、各种关系数据库之间的数据传输中所涉及的相关知识有一个全面的了解。

　　本书共 8 章，第 1 章主要介绍数据库系统基础知识；第 2 章主要介绍 Access 2010 环境，Access 数据库的创建、使用及数据库压缩与修复；第 3 章主要介绍数据表的创建、使用和操作，以及表间关系的创建等；第 4 章主要介绍查询的概念、查询的类型、不同类型查询的创建，以及查询的使用和操作等；第 5 章主要介绍窗体的组成、创建、属性，窗体中控件的使用和属性，以及窗体的使用等；第 6 章主要介绍报表的组成、报表的创建、不同格式报表的属性，以及报表中常用控件的使用和属性等；第 7 章主要介绍宏的概念、宏的创建及宏的运行等；第 8 章主要介绍 VBA 语言的语法特点及 VBA 的数据库编程等。

　　本书由宋绍成、王姗姗担任主编，柳崧轶、刘颖、王静茹、张滴石担任副主编。具体编写分工如下：第 1 章由宋绍成编写，第 2 章和第 8 章由王姗姗编写，第 3 章由张滴石编写，第 4 章由柳崧轶编写，第 5 章由王静茹编写，第 6 章和第 7 章由刘颖编写。全书由宋绍成负责统稿。编者在编写本书的过程中得到了王冬梅、孙艳、林明杰等老师的帮助，同时参考了大量同行的著作及网络资料，在此一并表示感谢！

　　由于编者水平有限，书中难免存在疏漏和不妥之处，恳请广大读者批评指正。

编　者

2017 年 10 月

目　　录

第1章　数据库系统基础知识

　　学习和使用 Access 数据库管理系统，首先要了解和掌握数据库工程的基础理论。数据库工程是设计和实现数据库系统、数据库应用系统的理论、方法和技术，是研究结构化数据表示、数据管理和数据应用的一门学科，涉及操作系统、数据结构、算法设计和程序设计等知识。本章将对数据库系统中常用的知识进行简要介绍，以便读者能够掌握构建数据库系统的基础理论。

1.1　数据库系统概述

　　自从计算机诞生之后，人们就开始研究如何较好地将现实世界中的事物用数据的形式表示出来，并存储在计算机中，利用计算机较高的运算速度解决需要经过复杂的运算及逻辑推理的问题。数据处理是指通过对原始数据（未经评价的各种信息）的处理产生新的数据，这一处理过程包括数据的采集、记录、分类、排序、存储、计算、加工、传输、制表和递交等。

　　数据库系统将数据以一定的结构组织起来，以便于用户在最短的时间内对数据进行取用。Access 是由 Microsoft 公司发布的关系数据库管理系统。它结合了 Microsoft Jet Database Engine 和图形用户界面两项特点，是 Microsoft Office 的成员之一。Access 在 2000 年成为全国计算机等级考试二级的一种数据库语言，并且因其具有易学、易用的特点，逐步取代了传统的 Visual FoxPro，成为全国计算机等级考试二级中最受欢迎的数据库语言。

1.1.1　数据库系统的构成

　　数据库系统（database system，DBS）是采用数据库技术的计算机系统，主要由数据库（database）、数据库管理系统（database management system，DBMS）和数据库应用系统（database application system）3 个部分构成运行实体。其中，数据库管理系统是数据库系统设计的核心部分。

1. 数据库

　　数据库是以一定的方式将相关的数据组织在一起，存放在计算机外部存储器上，形成能够被多个用户共享，且与应用程序彼此独立的一组相关数据的集合。

2. 数据库管理系统

从信息处理的理论角度讲，如果将利用数据库进行信息处理的工作过程，或掌握、管理和操纵数据库数据资源的方法看作一个系统，则称这个系统为数据库管理系统。

数据库管理系统通常由 3 个部分组成：数据描述语言（data description language，DDL）及其编译程序、数据操纵语言（data manipulation language，DML）和查询语言及其编译或解释程序、数据库管理例行程序。

3. 数据库应用系统

数据库应用系统是指在数据库管理系统的基础上由用户根据自己的实际需要自行开发的应用程序。开发中要使用某种高级语言及其编译系统和应用开发工具等软件。

不同的人员涉及不同的数据抽象级别。数据库管理员负责管理和控制数据库系统；应用程序开发人员负责设计应用系统的程序模块、编写应用程序；最终用户通过应用系统提供的用户界面使用数据库。

1.1.2 数据库管理系统的功能

1. 数据定义

数据库管理系统提供数据描述语言，供用户定义数据库的三级模式结构、两级映像及完整性约束和保密限制等约束使用。数据描述语言主要用于建立、修改数据库的库结构。数据描述语言所描述的库结构仅仅给出了数据库的框架，而数据库的框架信息被存放在数据字典（data dictionary，DD）中。

2. 数据操作

数据库管理系统提供数据操纵语言，供用户实现对数据的追加、删除、更新、查询等操作。

3. 数据库的运行管理

数据库的运行管理功能是数据库管理系统的运行控制、管理功能，包括多用户环境下的并发控制、安全性检查和存取限制控制、完整性检查和执行、运行日志的组织管理、事务的管理和自动恢复，即保证事务的原子性。这些功能保证了数据库系统的正常运行。

4. 数据的组织、存储与管理

数据库管理系统要分类组织、存储和管理各种数据，包括数据字典、用户数据、存取路径等，需要确定以何种文件结构和存取方式组织这些数据，还要确定如何实现数据之间的联系。数据组织和存储的目的是提高存储空间利用率，选择合适的存取方法提高存取效率。

5. 数据库的保护

数据库中的数据是信息社会的战略资源，所以数据的保护至关重要。数据库管理系统对数据库的保护通过 4 个方面来实现：数据库的恢复、数据库的并发控制、数据库的完整性控制、数据库的安全性控制。数据库管理系统的其他保护功能还有系统缓冲区的管理及数据存储的某些自适应调节机制等。

6. 数据库的维护

数据库的维护包括数据库的数据载入、转换、存储，数据库的组合、重构，以及性能监控等功能，这些功能分别由各个应用程序来完成。

7. 通信

数据库管理系统具有与操作系统的联机处理、分时系统及远程作业输入的相关接口，负责数据的传送。对网络环境下的数据库系统，还应该包括数据库管理系统与网络中其他软件系统的通信功能及数据库之间的互操作功能。

1.2 数据模型

1.2.1 数据模型的概念

数据（data）是描述事物的符号记录。模型（model）是现实世界的抽象。数据模型（data model）是数据特征的抽象，是数据库系统中用以提供信息表示和操作手段的形式框架。

数据模型所描述的内容包括 3 个部分：数据结构、数据操作、数据约束。

1）数据结构：数据模型中的数据结构主要描述数据的类型、内容、性质及数据间的联系等。数据结构是数据模型的基础，数据操作和数据约束都建立在数据结构之上。不同的数据结构具有不同的数据操作和数据约束。

2）数据操作：数据模型中的数据操作主要描述在相应的数据结构上的操作类型和操作方式。

3）数据约束：数据模型中的数据约束主要描述数据结构内数据间的语法、词义联系，它们之间的制约和依存关系，以及数据动态变化的规则，用于保证数据的正确、有效和相容。

在实际工作中，为了更好地表达现实世界中的数据特征，往往针对不同的场合或不同的目的采用不同的方法来描述数据的特征。这些描述数据的手段和方法称为数据模型。

数据模型一般有概念数据模型、逻辑数据模型、物理数据模型。在现实工作中，常常要涉及的是概念数据模型和逻辑数据模型，而物理数据模型一般由数据库管理系统确定。

1.2.2 概念数据模型

概念数据模型（conceptual data model）是面向数据库用户现实世界的模型，主要用来描述世界的概念化结构。它使数据库的设计人员在设计的初始阶段，摆脱计算机系统及数据库管理系统的具体技术问题，集中精力分析数据及数据之间的联系等。概念数据模型必须转换成逻辑数据模型，才能在数据库管理系统中实现。

概念数据模型用于信息世界的建模，一方面应该具有较强的语义表达能力，能够方便直接地表达应用中的各种语义知识；另一方面应该简单、清晰，易于用户理解。

最常用的概念数据模型是实体-联系（entity-relationship，E-R）模型。

在 E-R 模型中主要的设计概念有以下几种。

1）实体（entity）：客观存在并可以区分的事物。实体可以是具体的人、事、物，也可以是抽象的概念或联系。例如，一个企业、一个部门、一个产品、一个客户关系都是实体。

2）属性（attribute）：实体某一方面的特征。例如，每个人都有姓名、性别、年龄等属性，这些属性组合起来表征了一个人。

3）码或键（key）：唯一标识实体的属性集。例如，身份证号码是成年人实体的码。

4）域（domain）：属性的取值范围。例如，身份证号码为 18 位整数，性别的域为男或女。

5）实体型（entity type）：具有相同属性的实体必然有共同的特征和性质。用实体名及其属性名的集合来抽象和描述同类实体，称为实体型。例如，成年人（身份证号、姓名、性别、出生日期、住址）就是一个实体型。

6）实体集（entity set）：同型实体的集合。例如，学校的全体教师就是一个实体集。

7）联系（relationship）：在现实世界中，事务内部及事务之间是有联系的，这些联系在信息世界中的反映即为实体内部的联系和实体之间的联系。实体内部的联系通常是指组成实体的各属性之间的联系。

两个实体之间的联系可分为 3 类，即一对一联系、一对多联系和多对多联系。

① 一对一联系（1∶1）：若对于实体集 A 中的每一个实体，在实体集 B 中至多有一个实体与之联系，反之亦然，则称实体集 A 与实体集 B 具有一对一联系，记为 1∶1。

② 一对多联系（1∶n）：若对于实体集 A 中的每一个实体，在实体集 B 中有 n（$n>0$）个实体与之联系；反之，对于实体集 B 中的每一个实体，在实体集 A 中至多有一个实体与之联系，则称实体集 A 与实体集 B 具有一对多联系，记为 1∶n。

③ 多对多联系（$m∶n$）：若对于实体集 A 中的每一个实体，在实体集 B 中有 n（$n>0$）个实体与之联系；反之，对于实体集 B 中的每一个实体，在实体集 A 中也有 m（$m>0$）个实体与之联系，则称实体集 A 与实体集 B 具有多对多联系，记为 $m∶n$。

实际上，一对一联系是一对多联系的特例，而一对多联系又是多对多联系的特例。实体集之间的这种一对一、一对多、多对多联系不仅存在于两个实体集之间，也存在于两个以上的实体集之间。

E-R 模型反映实体之间联系的结构形式，常用 E-R 图描述。E-R 图提供了表示实体型、属性和联系的方法。

E-R 图有以下 3 个基本图素。

1）实体型：用矩形表示，矩形框内写明实体名。

2）属性：用椭圆形表示，并用直线将其与相应的实体连接起来。

3）联系：用菱形表示，菱形框内写明联系名，用直线分别与有关实体连接，同时在直线上标明联系（$1:1$，$1:n$，$m:n$）。企业产品销售的 E-R 图如图 1-1 所示。

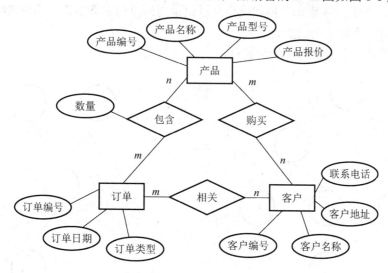

图 1-1　企业产品销售的 E-R 图

1.2.3　逻辑数据模型

逻辑数据模型（logical data model）是指用户从数据库看到的模型，是具体的数据库管理系统所支持的数据模型，如网状模型（network model）、层次模型（hierarchical model）等。此模型既要面向用户，又要面向系统，主要用于数据库管理系统的实现。

常用的逻辑数据模型有层次模型（hierarchical model）、网状模型（network model）、关系模型（relational model）和面向对象模型。其中，层次模型和网状模型是非关系模型。目前，非关系模型的数据库系统已逐渐被关系模型的数据库系统所取代。关系模型用简单的方法表示数据及数据之间的联系，而且支持用高度非过程化语言表示数据的操作。此外，关系模型具有严格的理论基础——关系代数。

1. **层次模型**

层次模型利用树形结构来表示实体与实体之间的联系，如图 1-2 所示。层次模型中的结点为记录型，表示某种类型的实体，结点之间的连线则表示两个实体之间的关系。其主要特征如下。

1）有且只有一个结点，没有双亲结点，该结点称为根结点。

2）根结点以外的子结点，向上仅有一个父结点，向下有若干个子结点。

2. **网状模型**

网状模型是层次模型的扩展，它表示多个从属关系的层次结构，呈现一种交叉关系的网络结构，如图 1-3 所示。网状模型是以记录为结点的网络结构，其主要特征如下。

1）允许一个以上的结点无父结点。

2）允许结点有多于一个的父结点。

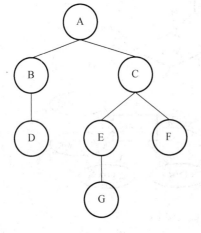

图 1-2　层次模型

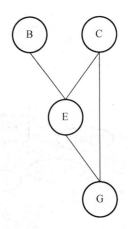

图 1-3　网状模型

3. **关系模型**

关系模型所说的"关系"是有特定含义的。广义地说，任何数据模型都描述一定事物数据之间的关系。关系模型所说的"关系"虽然也适用于这种广义的理解，但同时又特指那种虽然具有相关性，但非从属性的平行数据之间按照某种序列排列的集合关系。

关系模型严格符合现代数据模型的定义。其数据结构简单、清晰，存取路径完全向用户隐蔽，从而使程序和数据具有高度的独立性。关系模型的数据语言非过程化程度较高，用户性能好，具有集合处理能力，并具有集定义、操纵、控制于一体的优点。在关系模型中，结构、操作和完整性规则 3 部分联系紧密。

基于关系模型的数据库为关系数据库（relational database）。关系数据库管理系统是最常见的产品，较著名的有 SQL Server、Oracle、Sybase、Visual FoxPro、Access 等。关系数据库管理系统通常支持数据独立性，因而可维护性、可扩展性、可重用性都比较好。

由 E-R 图到关系模型的转换需要依循以下规则。

1）将 E-R 图中的实体转换成关系模式。一个实体型转换成一个关系模式，实体型的名称作为关系模式的名称，实体型的属性作为关系模式的属性，实体型的码作为关系模式的码。

2）将 E-R 图中的联系转换成关系模式。一个联系转换成一个关系模式，联系的名称作为关系模式的名称，联系的属性作为关系模式的属性，所有参加联系的实体型也作为关系模式的属性，关系模式的码由联系的类型决定。若是 $m:n$ 联系，则所有参加联系的实体型的码作为关系模式的码；若是 $1:1$ 联系，则任选一个参加联系的实体型的码作为关系模式的码；若是 $1:n$ 联系，则选择 n 一方的实体型码作为关系模式的码。

4. 面向对象模型

20 世纪 90 年代中期以来，人们发现关系模型存在查询效率不及非关系模型等缺陷，所以提出了面向对象模型。面向对象模型一方面对数据结构方面的关系结构进行了改良，另一方面为数据操作引入了对象操作的概念和手段。目前的数据库管理系统基本上提供了这方面的功能，然而关系模型仍是现在数据库设计中的主流。

1.3　关系数据库

关系数据库是若干个关系的集合，也可以说，关系数据库是由若干个二维表组成的。在关系数据库中，一个关系视为一个二维表，又称为数据表。

1.3.1　基本概念

（1）关系
一个关系就是一个二维表，是具有相同性质的元组（或记录）的集合。
（2）元组
表中的一行称为一个元组，元组对应表中的一条具体记录。
（3）属性
表中的一列称为属性，给每一列命名即为属性名，属性相当于字段。
（4）码
码能唯一标识一个元组的一个或若干个属性的集合。
（5）主键
其值能唯一标识和区分表中每条记录的字段（列）。主键可以是一个字段，也可以是多个字段的组合。

（6）外键

一个表中的某个（或多个）字段，是另一个表中的主键，这个字段就被称为外键。外键用于建立表与表之间的联系。

（7）域

属性的取值范围称为域，即不同的元组对同一属性的取值所限定的范围。

一个关系数据库由若干个数据表组成，每个数据表又由若干条记录组成，而每一条记录是由若干个根据字段属性分类的数据项组成的。

在数据表中，若某一个字段或某几个字段的组合值能够标识一条记录，则称其为关键字（或键），当一个数据表有多个关键字时，可从中选出一个作为主关键字（或主键）。

在关系数据库中，数据表之间是具有相关性的。数据表之间的这种相关性是依靠每一个独立的数据表内部具有相同属性的字段建立的。一般地，两个数据表之间建立关联关系，是将一个数据表视为父表，另外一个数据表视为子表。其中，子表中与父表主关键字段相对应的字段作为外键，数据表之间的关联就是通过主键与外键作为纽带实现的。

在关系数据库中，数据表为基本文件，每个数据表之间都具有独立性，且若干个数据表之间又具有相关性，从而使数据操作方式较简单。这一特点使关系数据库具有极大的优越性，并能得以迅速普及。

有了数据库基础理论的支持，就可以把复杂客观事物的整体依照关系数据库的数据结构及存储方式，将各个方面的信息存放到数据库中，也就是使多个不可再分的表通过关联关系连接起来，形成一个丰富的数据库基础数据源。

在 Access 中，设计一个合理的数据库，最主要的是设计合理的表及表之间的关系，而作为数据库基础数据源，它是能够有效、准确、快捷地创建数据库并实现其所有功能的基础。

1.3.2　关系数据库的特点

1. 数据集中控制

在文件管理方法中，文件是分散的，每个用户或每种处理都有各自的文件，这些文件之间一般是没有联系的。因此，不能按照统一的方法来控制、维护和管理这些文件。而数据库则很好地克服了这一缺点，可以集中控制、维护和管理有关数据。

2. 数据独立

数据库中的数据独立于应用程序，包括数据的物理独立性和逻辑独立性，给数据库的使用、调整、优化和进一步扩充提供了方便，并提高了数据库应用系统的稳定性。

3. 数据共享

数据库中的数据可以供多个用户使用，每个用户只与库中的一部分数据发生联系；

用户数据可以重叠，用户可以同时存取数据而互不影响，大大提高了数据库的使用效率。

4. 减少数据冗余

数据库中的数据不是面向应用，而是面向系统的。数据统一定义、组织和存储，集中管理，避免了不必要的数据冗余，也提高了数据的一致性。

5. 数据结构化

整个数据库以一定的结构形式构成，数据在记录内部和记录类型之间相互关联，用户可通过不同的路径存取数据。

6. 统一的数据保护功能

在多用户共享数据资源的情况下，对用户使用数据有严格的检查，对数据库规定密码或存取权限，拒绝非法用户进入数据库，以确保数据的安全性、一致性和并发控制。

1.3.3 关系的完整性

关系的完整性是指关系中的数据及具有关联关系的数据间必须遵循的制约和依存关系。关系的完整性用于保证数据的正确性、有效性和相容性。

关系的完整性主要包括域完整性、实体完整性和参照完整性（referential integrity）3 种。

1. 域完整性

域完整性是对数据表中字段属性的约束，包括字段的值域、字段的类型及字段的有效规则等约束，它是由确定关系结构时所定义的字段属性决定的。

2. 实体完整性

实体完整性是指关系中的记录唯一性，也就是主键的约束。准确地说，实体完整性是指关系中的主属性值不能为空且不能有相同的值。如果主键为空，则意味着存在不可识别的实体；如果主键不唯一，则主键失去了唯一标识元组的作用。

3. 参照完整性

参照完整性是对关系数据库中建立关联关系的数据表间数据参照引用的约束，也就是对外键的约束。准确地说，参照完整性是指关系中的外键必须是另一个关系的有效值或为空。也就是说外键可以没有值，但不允许为无效值。

依照关系模型数据规范化原则，可以使复杂的表转化为若干简单的表，但为保证原有数据信息的真实性，被分解出的各表间要建立一定的关联关系。在关联表之间，必然存在表与表之间数据的引用。参照完整性就是保证具有关联关系的"关系"之间引用的完整性，或者说，保证有关联关系的表的引用完整性。

1.3.4 关系运算

关系的基本运算有两类：一类是传统的集合运算（并、差、交等），另一类是专门的关系运算（选择、投影、连接、除法、外连接等）。有些查询需要几个基本运算的组合，要经过若干步骤才能完成。

1. 传统的集合运算

在进行传统的并（union）、差（difference）、交（intersection）集合运算中，两个关系必须具有相同的关系模式，即元组（记录）有相同的结构。

（1）并

设有两个关系 R 和 S，它们具有相同的结构。R 和 S 的并是由属于 R 或属于 S 的元组组成的集合，相同的元组只出现一次。并运算的运算符为∪，记为 $T=R\cup S$。

例 1.1　将表 1-1 和表 1-2 中给出的有关教师信息的两个关系进行并运算，其结果如表 1-3 所示。

表 1-1　关系 R（1）

教师编号	姓名	性别	所属学院	学历	职称
js000117	高明武	TRUE	计算机学院	本科	副教授
js000124	许春兰	FALSE	技术学院	本科	讲师
js000208	张思德	TRUE	机械学院	硕士	教授
js000213	李鹏	TRUE	美术学院	本科	副教授
js000218	孙大可	TRUE	护理学院	硕士	讲师

表 1-2　关系 S（1）

教师编号	姓名	性别	所属学院	学历	职称
js000225	吕丽	FALSE	理学院	硕士	助教
js000226	田立君	FALSE	文学院	本科	讲师
js000228	李鸣锋	TRUE	电气学院	硕士	助教
js000314	张进博	TRUE	政法学院	博士	教授
js000316	王英	FALSE	机械学院	本科	教授

表 1-3　$R\cup S$

教师编号	姓名	性别	所属学院	学历	职称
js000117	高明武	TRUE	计算机学院	本科	副教授
js000124	许春兰	FALSE	技术学院	本科	讲师

续表

教师编号	姓名	性别	所属学院	学历	职称
js000208	张思德	TRUE	机械学院	硕士	教授
js000213	李鹏	TRUE	美术学院	本科	副教授
js000218	孙大可	TRUE	护理学院	硕士	讲师
js000225	吕丽	FALSE	理学院	硕士	助教
js000226	田立君	FALSE	文学院	本科	讲师
js000228	李鸣锋	TRUE	电气学院	硕士	助教
js000314	张进博	TRUE	政法学院	博士	教授
js000316	王英	FALSE	机械学院	本科	教授

（2）差

R 和 S 的差是由属于 R 但不属于 S 的元组组成的集合，运算符为-，记为 $T=R-S$。

例 1.2　将表 1-1 和表 1-4 中给出的有关教师信息的两个关系进行差运算，其结果如表 1-5 所示。

表 1-4　关系 S（2）

教师编号	姓名	性别	所属学院	学历	职称
js000117	高明武	TRUE	计算机学院	本科	副教授
js000124	许春兰	FALSE	技术学院	本科	讲师
js000208	张思德	TRUE	机械学院	硕士	教授
js000314	张进博	TRUE	政法学院	博士	教授
js000316	王英	FALSE	机械学院	本科	教授

表 1-5　$R-S$

教师编号	姓名	性别	所属学院	学历	职称
js000213	李鹏	TRUE	美术学院	本科	副教授
js000218	孙大可	TRUE	护理学院	硕士	讲师

（3）交

R 和 S 的交是由既属于 R 又属于 S 的元组组成的集合，运算符为∩，记为 $T=R \cap S$。

例 1.3　将表 1-6 和表 1-7 中给出的有关教师信息的两个关系进行交运算，其结果如表 1-8 所示。

表 1-6　关系 R（2）

教师编号	姓名	性别	学历	职称
js000117	高明武	TRUE	本科	副教授

续表

教师编号	姓名	性别	学历	职称
js000124	许春兰	FALSE	本科	讲师
js000208	张思德	TRUE	硕士	教授
js000213	李鹏	TRUE	本科	副教授
js000218	孙大可	TRUE	硕士	讲师

表 1-7　关系 S（3）

教师编号	姓名	性别	学历	职称
js000117	高明武	TRUE	本科	副教授
js000124	许春兰	FALSE	本科	讲师
js000228	李鸣锋	TRUE	硕士	助教
js000314	张进博	TRUE	博士	教授
js000316	王英	FALSE	本科	教授

表 1-8　$R \cap S$

教师编号	姓名	性别	学历	职称
js000117	高明武	TRUE	本科	副教授
js000124	许春兰	FALSE	本科	讲师

2. 专门的关系运算

（1）选择运算

从关系中找出满足给定条件的那些元组组成新的关系称为选择。其中的条件是以逻辑表达式给出的，值为真的元组将被选取。选择是从行的角度进行的操作，选出一部分需要的元组。

例 1.4　从表 1-6 所示的关系中找到职称是教授的教师信息，结果如表 1-9 所示。

表 1-9　选择结果

教师编号	姓名	性别	学历	职称
js000208	张思德	TRUE	硕士	教授

（2）投影运算

从关系中挑选若干属性组成新的关系称为投影。投影是从列的角度进行的运算，相当于对关系进行垂直分解。

例 1.5　从表 1-6 所示的关系中查找所有教师的教师编号和姓名，结果如表 1-10 所示。

表 1-10 投影结果

教师编号	姓名
js000117	高明武
js000124	许春兰
js000208	张思德
js000213	李鹏
js000218	孙大可

（3）连接运算

连接是根据给定的条件，从两个已知关系 R 和 S 的笛卡儿积中，选取满足连接条件（属性之间）的若干元组组成新的关系，记为 $R\overset{F}{\bowtie}S$，其中 F 是选择条件。

1）条件连接：从两个关系的笛卡儿积中选取属性间满足一定条件的元组。

2）相等连接：从关系 R 与关系 S 的笛卡儿积中选取满足等值条件的元组。

3）自然连接：也是等值连接，从两个关系的笛卡儿积中，选取公共属性满足等值条件的元组，但新关系不包含重复的属性。存在关系 R 和关系 S，它们具有相同的属性（属性组）A，根据属性 A 对 R 和 S 进行等值连接，并在连接结果中去掉重复列，记为 $T=R\bowtie S$。

例 1.6 将表 1-11 和表 1-12 所示的关系按照相同字段课程名称进行自然连接，其结果如表 1-13 所示。

表 1-11 关系 R（3）

教师编号	教师姓名	课程名称
js000117	高明武	大学英语
js000208	张思德	大学计算机基础
js000213	李鹏	高级语言程序设计

表 1-12 关系 S（4）

学生编号	学生姓名	课程名称
201501110101	孙立强	大学英语
201506620102	李明翰	大学英语
201501110202	张茹新	大学计算机基础
201505510102	何康勇	高级语言程序设计

表 1-13 $R\bowtie S$

教师编号	教师姓名	课程名称	学生编号	学生姓名
js000117	高明武	大学英语	201501110101	孙立强

教师编号	教师姓名	课程名称	学生编号	学生姓名
js000117	高明武	大学英语	201506620102	李明翰
js000208	张思德	大学计算机基础	201501110202	张茹新
js000213	李鹏	高级语言程序设计	201505510102	何康勇

（4）除法运算

在关系代数中，除法运算可理解为笛卡儿积的逆运算。

设被除关系 R 为 m 元关系，除关系 S 为 n 元关系，那么它们的商为 $m-n$ 元关系，记为 $R \div S$。商的构成原则是，将被除关系 R 中的 $m-n$ 列按其值分成若干组，检查每一组的 n 列值的集合是否包含除关系 S，若包含则取 $m-n$ 列的值作为商的一个元组，否则不取。

设有关系 $R(X,Y)$ 和 $S(Y)$，其中 X、Y 可以是单个属性或属性集，$R \div S$ 的结果组成的新关系为 T。

$R \div S$ 运算规则：如果在 $\prod(R)$ 中能找到某一行 u，得到这一行和 S 的笛卡儿积含在 R 中，则 T 中有 u。

例 1.7　将表 1-14 和表 1-15 所示的两个关系进行除法运算，其结果如表 1-16 所示。

表 1-14　关系 R（4）

A	B	C
a_1	b_1	c_2
a_2	b_3	c_7
a_3	b_4	c_6
a_1	b_2	c_3
a_4	b_6	c_6
a_2	b_2	c_3
a_1	b_2	c_1

表 1-15　关系 S（5）

B	C
b_1	c_2
b_2	c_1
b_2	c_3

表 1-16　$R \div S$

A
a_1

（5）外连接运算

外连接运算是指在连接条件的某一边添加一个符号"*"，其连接结果为符号所在边添加一个全部由空值组成的行。

1）外连接。如果把舍弃的元组保存在结果关系中，而在其他属性上填空值（null），这种连接就称为外连接（outer join）。

关系 R 和关系 S 作自然连接：把满足条件 $R.B=S.B$ 的元组保留在新关系中；把不满足条件 $R.B=S.B$ 的元组也保留在新关系中，相应的值填空值。

例 1.8　将表 1-17 和表 1-18 所示的两个关系进行外连接运算，其结果如表 1-19 所示。

表 1-17　关系 R（5）

A	B	C
a_1	b_1	5
a_1	b_2	6
a_2	b_3	8
a_2	b_4	12

表 1-18　关系 S（6）

B	E
b_1	3
b_2	7
b_3	10
b_3	2
b_5	2

表 1-19　关系 R 和关系 S 的外连接

A	B	C	E
a_1	b_1	5	3
a_1	b_2	6	7
a_2	b_3	8	10
a_2	b_3	8	2
a_2	b_4	12	null
null	b_5	null	2

2）左外连接。如果只把左边关系 R 中要舍弃的元组保留就叫作左外连接（left outer join 或 left join）。

关系 R 和关系 S 作自然连接：把满足条件 $R.B=S.B$ 的元组保留在新关系中；把关系 R 中不满足条件 $R.B=S.B$ 的元组也保留在新关系中，相应的值填空值。

例 1.9　将表 1-17 和表 1-18 所示的两个关系进行左外连接，其结果如表 1-20 所示。

表 1-20　关系 R 和关系 S 的左外连接

A	B	C	E
a_1	b_1	5	3
a_1	b_2	6	7
a_2	b_3	8	10
a_2	b_3	8	2
a_2	b_4	12	null

3）右外连接。如果只把右边关系 S 中要舍弃的元组保留就叫作右外连接（right outer join 或 right join）。

关系 R 和关系 S 作自然连接：把满足条件 $R.B=S.B$ 的元组保留在新关系中；把关系 S 中不满足条件 $R.B=S.B$ 的元组也保留在新关系中，但相应的值填空值。

例 1.10　将表 1-17 和表 1-18 所示的两个关系进行右外连接，其结果如表 1-21 所示。

表 1-21　关系 R 和关系 S 的右外连接

A	B	C	E
a_1	b_1	5	3
a_1	b_2	6	7
a_2	b_3	8	10
a_2	b_3	8	2
null	b_5	null	2

1.4　数据库系统的开发方法与步骤

数据库系统的开发包括分析、设计、实现、测试与维护等步骤。

1.4.1　数据库系统分析

数据库系统分析是对系统提出清晰、准确和具体的目标要求，主要包括以下几点。

1）确定系统的功能、性能和运行要求，提供系统功能说明，描述系统的概貌。

2）对数据进行分析，描绘出实体间的联系，建立数据模型，提供数据结构的层次方框图。

3）提供用户系统描述，给出系统功能和性能的简要描述、使用方法与步骤等内容。

1.4.2　数据库系统设计

数据库系统设计包括数据库系统的数据库设计、数据库系统的功能设计和输入与输出的设计 3 部分。

数据库系统的数据库设计主要是根据数据库系统分析形成相关的电子文档，描述本系统的数据库结构及其内容组成。在数据库设计过程中，应该遵循数据库的规范化设计要求。

数据库系统的功能设计主要是结合数据库设计的初步模型，设计出数据库系统中的各功能模块，以及各功能模块的调用关系、功能组成等内容。

数据库系统的输入与输出考虑的是各功能模块的界面设计。对于输入模块，考虑提供用户的操作界面及在界面上完成的各种操作；对于输出模块，考虑输出的内容、格式和方式。

在数据规范化的原则指导下，既可以把复杂的问题简单化，把综合的问题个体化，同样也可以把个体的问题综合化、整体化。有了这样的数据库理论作为指导，在对数据库进行设计时，就可以更充分考虑数据库中数据存取的合理性和规范化问题。

设计一个数据库，一般要遵循如下步骤。

1. 需求分析

需求分析就是根据实际应用问题的需要，确定创建数据库的目的及使用方法，确定数据库要完成哪些操作、建立哪些对象。需求分析是数据库设计的第一步，也是最重要的步骤，如果需求分析做得不充分、不到位、不准确，就会使整个数据库设计的质量大打折扣，以致无功而返。

2. 建立数据库中的表

数据库中的表是数据库的基础数据来源，确定需要建立的表是设计数据库的关键，表设计的好坏直接影响数据库其他对象的设计及使用。

设计能够满足需求的表要考虑以下内容。

1）每一个表只能包含一个主题信息。

2）表中不要包含重复信息。

3）确定表中字段个数和数据类型。

4）字段要具有唯一性和基础性，不要包含推导数据或计算数据。

5）所有的字段集合要包含描述表主题的全部信息。

6）字段要有不可再分性，每一个字段对应的数据项都是最小的单位。

3. 确定表的主关键字段

在表的多个字段中，用于唯一确定每条记录的一个字段或一组字段，称为表的主关键字段。

4. 确定表间的关联关系

在多个主题的表间建立关联关系，使数据库中的数据得到充分的利用。同时对复杂的问题，可先化解为简单的问题后再组合，将使解决问题的过程变得容易。

5. 创建其他数据库对象

设计其他数据库对象，是在表设计完成的基础上进行的。有了表就可以设计查询、报表、窗体等数据库对象。

综上所述，设计数据库就是设计数据库中各表的独立结构及各独立表间的关联关系。

1.4.3　数据库系统的实现

数据库系统的实现应完成开发工具的选择、数据库的实现、系统中各对象对于相关事件的处理并进行编程。

数据库的实现通过数据库开发工具，建立数据库文件及其所包含的数据表，建立数据关联，创建数据库系统中各个数据与功能的对象实例，并设置所有对象的相关属性值。

数据库系统功能的实现是完成系统中各对象对于相关事件的处理，并进行编程。

1.4.4　数据库系统的测试与维护

一个数据库应用系统的各项功能实现后，必须经过严格的系统测试工作才可以将开发完成的应用系统投入运行。系统测试工作是应用系统成败的关键，在测试工作中应尽可能地查出并改正数据库系统中存在的错误。

习题

1．简述数据库系统的组成。
2．简述常用的逻辑数据模型。
3．简述关系的完整性。
4．简述设计一个数据库系统的步骤。

第 2 章　Access 2010 概述

Access 是一个基于关系模型的 DBMS。使用 Access 可以在一个数据库文件中管理所有的用户信息，它为用户提供了强大的数据处理功能，帮助用户组织和共享数据库信息，使用户能方便地得到所需的数据。

2.1　Access 2010 简介

Access 2010 是 Microsoft Office 2010 系列办公软件的一个组件，是 Microsoft 公司出品的优秀桌面数据库管理和开发工具。Access 具有与 Word、Excel 和 PowerPoint 等类似的操作界面和使用环境，并具有存储方式单一、界面友好、易于操作及强大的交互设计功能等特点，可以高效地完成各种中小型数据库管理工作。

Access 在很多地方得到了广泛的使用，如财务、行政、金融、经济、教育、统计和审计等众多管理领域，尤其适合非 IT 专业的普通用户制作和处理数据。Access 的用途主要体现在以下两个方面。

（1）用来分析数据

Access 具有强大的数据处理、统计分析能力，利用 Access 的查询功能，可以方便地进行各类汇总、平均等统计运算。Access 还可灵活设置统计条件，如在统计分析大量数据时速度快且操作方便，这一点是 Excel 无法与之相比的，熟练使用 Access 可提高工作效率。

（2）用来开发软件

Access 可用来开发软件，如教学管理、生产管理、销售管理、库存管理等类型的企业管理软件，其最大的优点是易学，非计算机专业的人员也能学会。它低成本地满足了企业管理人员的管理需要，通过软件来规范员工的行为，推行其管理思想。Visual Basic、.NET、C 语言等开发工具对于非计算机专业人员来说太难了，而 Access 则很容易。

Access 2010 不仅继承和发扬了以前版本的功能强大、界面友好、易学易用的优点，而且增加或改进了很多功能。Access 2010 的主要功能和特点归纳为以下几点。

（1）最好上手、最快上手

在 Access 2010 中，可以使用系统预先建立的、针对常见工作而设计的全新数据库模板，或是选择网上社区提供的模板，并加以自定义修改，以符合自己的需求。

（2）在任何地方都能存取应用程序、数据或窗体

Access 2010 可以将数据库延伸到网络上，让没有 Access 2010 客户端的用户也能通过浏览器开启网络窗体与报表。数据库如有变更，将自动获得同步处理。

（3）创建更具吸引力的窗体和报表

Access 2010 有多种主题供用户挑选，用户还可设计独特的自定义主题，使窗体与报表更加美观。

（4）以拖放方式为数据库加入导航功能

用户不用撰写任何程序代码或设计任何逻辑，就能创造出具备专业外观与网页式导览功能的窗体，使常用的窗体或报表使用更为方便。Access 2010 共有 6 种预先定义的导览模板，外加多种垂直或水平索引卷标可供选择。

（5）更快、更轻松地完成工作

Access 2010 简化了寻找及使用各项功能的方式。全新的 Microsoft Office Backstage 检视取代了传统的档案菜单，只需轻按几下鼠标，就能发布、备份及管理数据库。功能区的设计也经过了改良，进一步加快执行常用命令的速度。

（6）把数据库部分转化成可重复使用的模板

Access 2010 可以将常用的 Access 对象、字段或字段集合存储为模板，并加入现有的数据库中。应用程序组件可以分享给组织所有成员使用，以求建立数据库应用程序时能拥有一致性。

（7）整合 Access 2010 数据与实时网络内容

Access 2010 可以通过网络服务通信协议联机到数据源，将网络服务与业务应用程序的数据纳入自己建立的数据库中。此外，全新的网页浏览器控制功能，还可将 Web 2.0 内容整合到 Access 2010 窗体中。

Access 2010 的特点在于使用简便，它充分运用了信息的力量。同时，利用新增的网络数据库功能，可以在追踪与共享数据或是利用数据制作报表时更加轻松，这些数据自然也就更具影响力。

2.2 数据库对象

在 Access 2010 中，数据库包括 6 个基本对象，即表、查询、窗体、报表、宏和模块。

Access 2010 的主要功能就是通过这六大数据库对象来完成的，各种数据库对象之间存在某种特定的依赖关系。所有的数据库对象都保存在扩展名为.accdb 的同一个数据库文件中。

数据库各对象间的关系如图 2-1 所示。

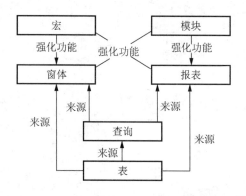

图 2-1 数据库各对象间的关系

1. 表

表是数据库中最基本的对象，是数据库设计的基础，可以作为其他数据库对象的数据源。一个数据库可以包含多个表，并在不同的表中存储不同主题的数据。多个表之间通常存在相互的联系，在 Access 2010 中可以通过建立表间关系来表达表间的联系。

数据表由字段和记录组成。一个字段就是表中的一列，用户可以通过为这些字段属性设置不同的取值来实现应用中的不同需要。字段的基本属性有字段名称、数据类型、字段大小等。一条记录就是数据表中的一行，记录用来收集某指定对象的所有信息。一条记录包含表中的每个字段。

使用表对象主要通过数据表视图和设计视图来完成，图 2-2 所示为表对象"课程信息表"的数据表视图，从图中可以看到它有 6 个字段、14 条记录。其对应的设计视图如图 2-3 所示。

课程号	课程名称	类别	性质	学时	学分	单击以添加
02000001	大学语文	考查	选修	54	3	
02000002	文学欣赏	考查	选修	36	2	
02000003	中国古代史	考试	必修	54	3	
03000001	高等数学	考试	必修	72	4	
03000002	离散数学	考试	必修	60	3	
03000015	线性代数	考试	必修	72	4	
04000026	大学英语	考试	必修	72	4	
05000001	大学计算机基础	考试	必修	64	3	
05000002	高级语言程序设计	考试	必修	54	2.5	
05000006	教育技术基础	考查	必修	36	2	
05000011	多媒体技术	考查	选修	36	1	
06000001	马克思主义经济学	考试	必修	60	4	
06000002	马克思主义哲学	考试	必修	60	4	
06000003	毛泽东思想概论	考试	必修	60	4	
				0	0	

记录: 第1项(共14项) 无筛选器 搜索

图 2-2 "课程信息表"数据表视图

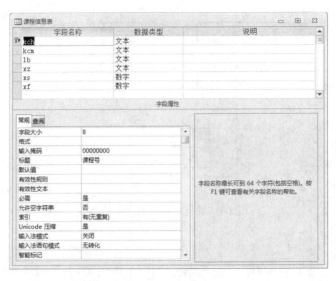

图 2-3　"课程信息表"设计视图

2. 查询

查询是数据库的核心操作。当数据库创建完成后，只有被用户查询才能实现它的价值。用户可以利用查询按照不同的方式查看、更改和分析数据，并形成动态的数据集。用户可以修改这个动态的数据集，也可以看到查询的数据集合，即查询结果，还可以将该查询结果保存，作为其他数据对象的数据源。

在 Access 2010 中，查询不仅可以产生符合条件的动态数据集，还可以创建数据表，以及对数据源表中的数据进行添加、删除和更新等操作。

Access 2010 中的查询包括选择查询、计算查询、参数查询、交叉表查询、操作查询、SQL 查询。查询结果主要以数据表视图来显示，图 2-4 所示为查询选修大学英语的学生信息的数据表视图，图 2-5 所示为该查询的设计视图。

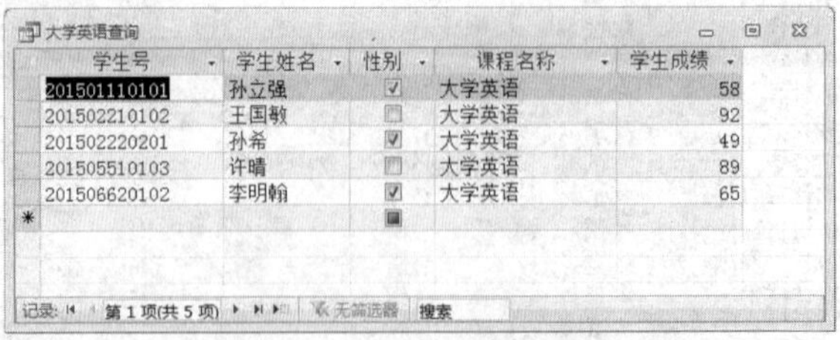

学生号	学生姓名	性别	课程名称	学生成绩
201501110101	孙立强	☑	大学英语	58
201502210102	王国敏	☐	大学英语	92
201502220201	孙希	☑	大学英语	49
201505510103	许晴	☐	大学英语	89
201506620102	李明翰	☑	大学英语	65

图 2-4　"大学英语查询"数据表视图

3. 窗体

窗体是数据信息的主要表现形式，用于创建表的用户界面，是数据库与用户之间的主要接口。窗体提供了简单自然的输入、修改、查询数据的友好界面。窗体的形式多种多样，不同的窗体能够完成不同的功能。

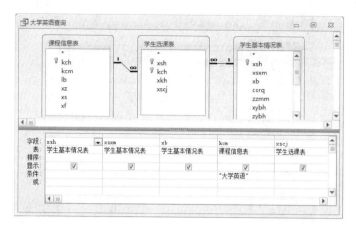

图 2-5　"大学英语查询"设计视图

窗体对象主要通过窗体视图来显示，由设计视图来编辑完成，如图 2-6 和图 2-7 所示。

图 2-6　"学生基本情况窗体"窗体视图

4. 报表

报表是以打印的形式表现用户数据，当想要从数据库中打印某些信息时就可以使用报表。通常情况下，需要的是打印到纸张上的报表。用户利用报表将数据库中需要的数据提取出来进行分析、整理和计算，并将数据以格式化的方法输出。

在 Access 2010 中，报表中的数据源主要是基础的表、查询或 SQL（structured query language，结构化查询语言）语句。用户可以控制报表上每个对象（也称为报表控件）的大小和外观，并可以按照所需要的方式选择所需要显示的信息以便查看或打印输出。

报表用来将选定的数据信息进行格式化显示和打印。报表在打印之前可以预览。另外，报表也可以进行如求和、平均值等计算。图 2-8 和图 2-9 分别为报表视图和设计视图。

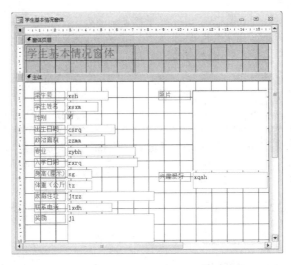

图 2-7 "学生基本情况窗体"设计视图

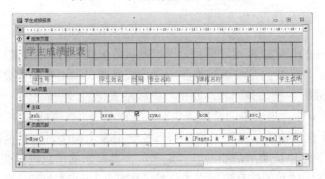

图 2-8 "学生成绩报表"报表视图

图 2-9 "学生成绩报表"设计视图

5. 宏

宏可以是一组操作的集合，也可以是由若干个宏的集合所组成的集合。表、查询、窗体、报表等 5 种数据对象都具有很强大的功能，宏可以将这些对象的功能组合在一起。宏可以使某些普通的、需要多个指令连续执行的任务通过一个指令自动完成。宏最重要的特征就是可以重复性地工作。

宏有许多类型，它们之间的差别在于用户触发宏的方式。如果创建了一个 AutoKeys 宏，用户可以通过按下一个键顺序地执行宏。如果创建了一个事件宏，当用户执行一个特定操作时，如双击一个控件或右击窗体的主体，Access 2010 就会启动这个宏。如果创建了一个条件宏，当用户设置的条件得到满足时，条件宏就会运行。

宏没有具体的实际显示，只有一系列的操作。所以宏只能显示它本身的设计视图，图 2-10 和图 2-11 所示为宏组设计视图和条件宏的设计视图。

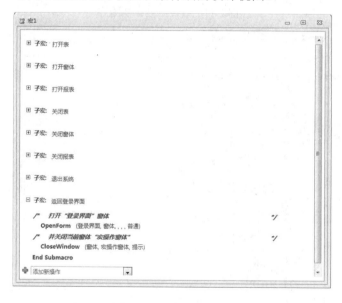

图 2-10　宏组设计视图

6. 模块

模块是将 VBA（Visual Basic for Applications）的声明和过程作为一个单元进行保存的集合，即程序的集合。模块对象是用 VBA 代码写成的，模块中的每一个过程都可以是一个函数过程或一个子程序过程。模块的主要作用是建立复杂的 VBA 程序以完成宏等不能完成的任务。

模块有两种基本类型：类模块和标准模块。模块可以与报表、窗体等对象结合使用，以建立完整的应用程序。模块视图如图 2-12 所示。

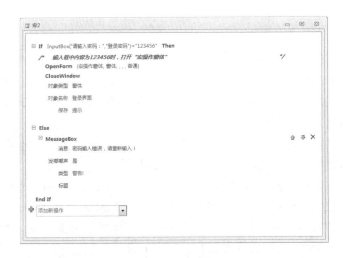

图 2-11　条件宏设计视图

图 2-12　模块视图

7. SharePoint 网站

Access 2010 停止了对数据访问页的支持，而协同工作是通过 SharePoint 网站来实现的，从而大大增强了网络协同开发和共享功能。

SharePoint 网站具有动态性和相互性，它为文档、信息提供一个存储和协作空间。Access 2010 数据可以很容易地链接到位于 SharePoint 网站的数据源，也可以从中进行复制。数据存储在 SharePoint 网站上的某个位置，如同存储在 Access 2010 的表中。

在 Access 2010 中，将数据上传到 SharePoint 网站上的操作方式有以下 3 种。

1）将当前 Access 2010 数据库中的全部数据表移动到 SharePoint 网站上的列表中。

2）将当前数据库中某个特定表导出到 SharePoint 网站上的列表中。

3）将 Web 数据库发布到 SharePoint 网站上。

Access 2010 访问 SharePoint 列表中的表有以下两种方式。

1）将 SharePoint 网站上列表中的表导入当前数据库中。

2）建立一个新表，并将其链接到一个 SharePoint 网站上列表中的表。

2.3　Access 2010 的安装和卸载

Access 2010 作为 Microsoft Office 的一个重要组成部件，在以默认设置安装 Microsoft Office 时已作为常用组件装入。已安装 Microsoft Office 但未安装 Access 2010 的用户无须卸载原有的 Office，只要在此基础上选择自定义安装 Access 2010 即可。

1．系统要求

安装 Access 2010 对计算机系统的要求如下。

500MHz 或以上处理器；256MB 以上内存；3GB 及以上的可用硬盘空间；1024×768 像素或更高分辨率的显示器。常用的计算机系统均满足这些要求。

操作系统可以是 Windows Server 2003 SP2、Windows Server 2008、Windows 7、Windows 8 和 Windows 10。

2．安装 Access 2010

将 Office 2010 安装光盘插入光驱中，双击 setup.exe 就可以运行安装程序。在安装时可以选择"自定义安装"选项，在"选择所需的安装"界面中单击"自定义"按钮，在打开的对话框的"安装选项"选项卡中单击"Microsoft Access"下拉按钮，在弹出的下拉菜单中选择"从本机运行"选项，再单击"立即安装"按钮进行安装，如图 2-13 所示。

3．卸载 Access 2010

如要卸载 Access 2010，需要打开"控制面板"窗口，选择"卸载程序"选项，打开"卸载或更改程序"窗口，找到"Microsoft Office Professional Plus 2010"程序，单击"更改"按钮。在打开的对话框中选中"添加或删除功能"单选按钮，单击"继续"按钮，在打开的对话框的"安装选项"选项卡中单击"Microsoft Access"下拉按钮，在弹出的下拉菜单中选择"不可用"选项，单击"继续"按钮即可，如图 2-14 所示。如果单击"卸载"按钮，由于 Access 2010 是 Office 2010 中的一个组件，将会卸载整个 Office 2010 软件。

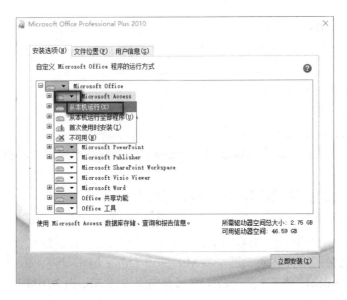

图 2-13　自定义安装 Access 2010

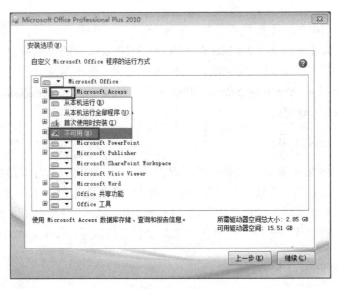

图 2-14　卸载 Access 2010

2.4　Access 2010 的启动和退出

启动 Access 2010 系统的常用方法有以下两种。

1）选择"开始"→"所有程序"→"Microsoft Office"→"Microsoft Access 2010"选项，即可启动 Access 2010 应用程序。

2）通过打开已有数据库文件来启动 Access 2010 应用程序。双击一个现有数据库文件，即可启动 Access 2010，并打开该数据库。

退出 Access 2010 的几种常用方法如下。

1）单击窗口右上角的"关闭"按钮。

2）单击"文件"选项卡中的"退出"按钮。

3）按【Alt+F4】组合键。

4）双击打开的应用程序左上角的控制菜单图标。

2.5　Access 2010 的工作界面

与以前的版本相比，Access 2010 的用户界面发生了重大变化。Access 2007 中引入了两个主要的用户界面组件：功能区和导航窗格。而在 Access 2010 中，不仅对功能区进行了多处更改，还新引入了第三个用户界面组件——Backstage 视图。

Access 2010 的工作界面如图 2-15 所示，包括标题栏、功能区、导航窗格、工作区（数据库对象窗口）和状态栏等部分。

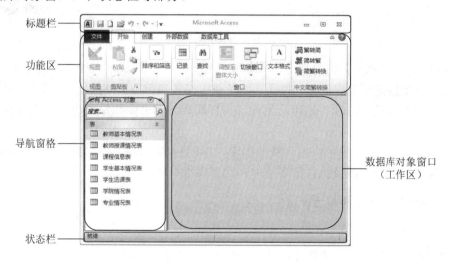

图 2-15　Access 2010 的工作界面

1. Backstage 视图

Backstage 视图是 Access 2010 中的新功能。它包含应用于整个数据库的命令和信息（压缩和修复），以及早期版本中"文件"选项卡中的命令。Access 2010 的启动窗口就是 Backstage 视图，这里的视图指的就是界面，如图 2-16 所示。Backstage 视图取代了以前版本中的工具按钮和"文件"选项卡，也称为后台视图，因为通过该视图整合的各种文件级操作和任务都在后台进行。在实际操作中可通过选择"文件"选项卡随时访问

Backstage 视图。

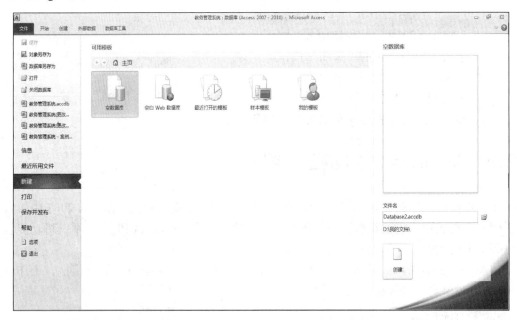

图 2-16　Backstage 视图

Backstage 视图分为两个部分，左侧窗格由一些命令组成，右侧窗格显示不同命令的选项。命令包括新建、保存、打开，以及获取相关当前数据库的信息、最近所用文件保存并发布、帮助、选项、退出。另外，与打印相关的命令和设置也集中在 Backstage 视图中。

在 Backstage 视图中可以创建新数据库、打开现有数据库、通过 SharePoint Server 将数据库发布到 Web，以及执行很多文件和数据库维护任务。

2. 标题栏和快速访问工具栏

（1）标题栏

标题栏位于整个窗口的顶端，由控制图标、快速访问工具栏、标题和控制按钮组成。双击标题栏可以将 Access 窗口在最大化和还原状态之间进行快速切换。

（2）快速访问工具栏

快速访问工具栏默认位于标题栏，代替了早期版本的工具栏，也可以将其移到功能区的下方。通过快速访问工具栏，只需一次单击即可执行相应的命令。默认命令集包括"保存"、"撤销"和"恢复"，也可以自定义快速访问工具栏，将常用命令包含于其中。

自定义快速访问工具栏的方法如下。

方法一：单击"自定义快速访问工具栏"下拉按钮，弹出图 2-17 所示的"自定义快速访问工具栏"下拉菜单，用户可在该菜单中选择要在该工具栏中显示的按钮。

图2-17 自定义快速访问工具栏

方法二： 选择"文件"选项卡，在 Backstage 视图中单击"选项"按钮，在打开的"Access 选项"对话框的左侧窗格中选择"快速访问工具栏"选项，然后选择要添加或移除的命令即可，如图2-18 所示。

图2-18   "Access 选项"对话框

3. 功能区

功能区是替代 Access 2007 之前版本中的菜单和工具栏的主要功能，并提供 Access 2010 中主要命令的界面。它将通常需要使用菜单、工具栏、任务窗格和其他用户界面等组件才能显示的任务和入口点集中在一个地方，这样只需在一个位置查找命令即可。

功能区包含对特定对象进行处理的选项卡，每个选项卡中的控件按钮组成多个命令组，如图 2-19 所示。只有单击功能区中的按钮，才可执行该按钮指定的命令。

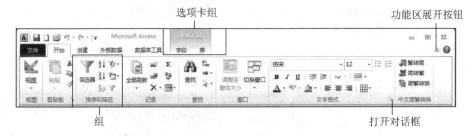

图 2-19　Access 2010 功能区

在 Access 2010 中还可以自定义功能区中的选项卡，方法为单击 Backstage 视图中的"选项"按钮，在打开的"Access 选项"对话框的左侧窗格中选择"自定义功能区"选项，如图 2-20 所示。选择并添加选项卡、组和命令到功能区中，还可以进行删除、重命名、重新排列选项卡、组合命令等操作。

图 2-20　自定义功能区

4. 导航窗格

　　导航窗格位于功能区下方的左侧,用于显示当前数据库中的各种数据库对象。导航窗格可以帮助用户组织归类数据库对象,并且是打开或更改数据库对象设计的主要方式,用于取代早期版本 Access 中所用的数据库窗口。

　　导航窗格按类别和组进行组织,可以从多种组织选项中进行选择,还可以在导航窗格中创建自定义组织方案。单击导航窗格中的"所有 Access 对象"下拉按钮,即可弹出"浏览类别"下拉菜单,可以在该菜单中选择查看对象的方式,如图 2-21 所示。右击导航窗格中的任何对象,即可弹出相应的快捷菜单,可以从中选择相关命令执行操作,如图 2-22 所示。单击导航窗格中右上角的"百叶窗开/关"按钮,可以隐藏和打开导航窗格。

图 2-21　"浏览类别"下拉菜单

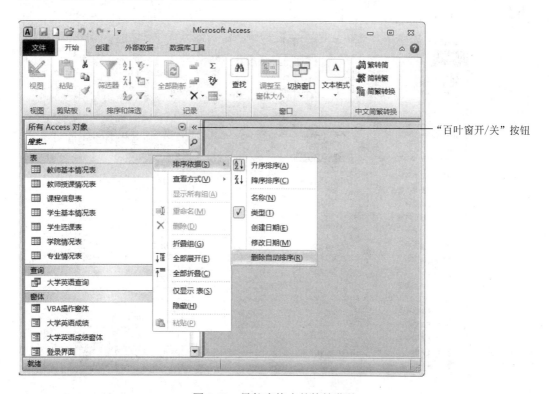

图 2-22　导航窗格中的快捷菜单

5. 工作区和状态栏

（1）工作区

导航窗格右侧的区域称为工作区，主要用于数据库对象的设计、编辑、修改和显示，以及打开运行数据库对象。

（2）状态栏

与早期版本的 Access 一样，Access 2010 窗口底部也会显示状态栏。在 Access 2010 中，状态栏也具有两项标准功能，与在其他 Office 2010 程序中看到的状态栏相同：显示视图/窗口切换和缩放。

6. Access 2010 选项卡式文档

Access 2010 可采用选项卡式文档窗口代替重叠窗口来显示数据库对象。为便于日常的交互使用，用户可以采用选项卡式文档窗口。图 2-23 中显示了两个选项卡文档，分别是"学生选课表"和"学生成绩报表"，从文档名前面的图标可以识别对象类型。

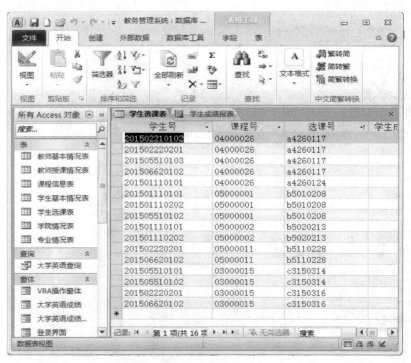

图 2-23　工作区

通过设置"Access 选项"可以启用或禁用选项卡式文档功能。选择"文件"选项卡，在 Backstage 视图中单击"选项"按钮，打开"Access 选项"对话框，在左侧窗格中选择"当前数据库"选项，在"应用程序选项"组的"文档窗口选项"中选中"选项卡式文档"单选按钮，选中或清除"显示文档选项卡"复选框（清除复选框后，文档选项卡将关闭），如图 2-24 所示。

图 2-24　设置选项卡式文档窗口

2.6　Access 2010 数据库的创建

Access 2010 提供了两种创建数据库的方法，一种是使用系统自带的样本模板创建数据库，用户只需做一些简单的选择操作，就可以建立相应的表、窗体、查询和报表等对象，从而建立一个完整的数据库；另一种是先创建一个空数据库，然后向数据库中添加表、查询、窗体和报表等对象，这样可以灵活地创建更加符合实际需要的数据库系统。

1.　使用样本模板创建数据库

Access 2010 提供了多种类型的样本模板，使用它们可以加快数据库的创建过程。样本模板是可用的数据库，其中包含执行特定任务时所需要的所有表、查询、窗体和报表。模板数据库可以直接使用，也可以对其中的对象进行自定义，以便更好地满足使用要求。

首先启动 Access 2010 应用程序，单击"文件"选项卡中的"新建"按钮，再单击"样本模板"按钮。在"可用模板"下单击要使用的模板，在右侧"文件名"文本框中输入文件名，如图 2-25 所示。单击"文件名"文本框后面的文件夹图标，打开"文件新建数据库"对话框来设置数据库的位置。如果不指定位置，Access 2010 将在默认位置创建数据库。单击"创建"按钮，Access 2010 将创建数据库，并将其打开以备使用。

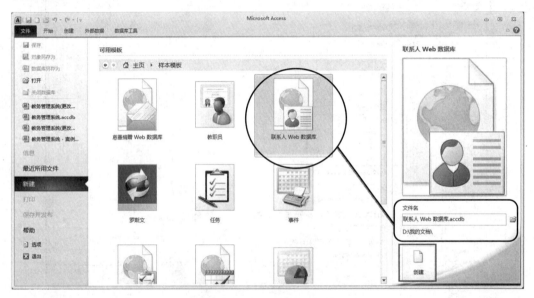

图 2-25　创建样本模板数据库

2．创建空数据库

如果没有满足需要的模板，那么更好的办法是从头开始创建一个空数据库，然后根据需要进行设计。

首先启动 Access 2010 应用程序，单击"文件"选项卡中的"新建"按钮，再单击"空数据库"按钮，在右侧"文件名"文本框中输入文件名，并单击"文件名"文本框后面的文件夹图标，打开"文件新建数据库"对话框来设置数据库的存储位置及数据库的保存类型，如图 2-26 所示。如果不指定保存位置，Access 2010 将在默认位置创建数据库。单击"创建"按钮，打开数据库窗口，完成空数据库的创建。

Access 2010 数据库文件格式的扩展名为.accdb，取代早期以.mdb 为文件扩展名的 Access 格式。

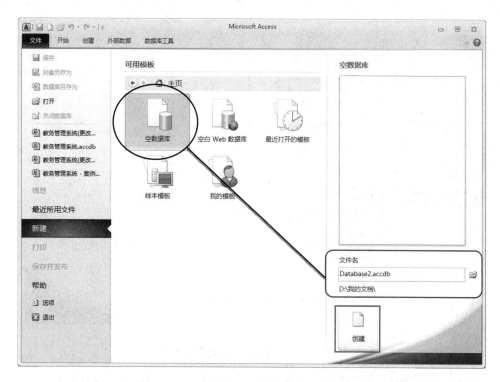

图 2-26　创建空数据库

2.7　数据库的打开和关闭

创建数据库后，有需要时可随时打开已创建的数据库文件。有的数据库是最近使用的，有的数据库则是很长时间没有使用的，针对这两种情况，可使用不同的方法打开数据库。

1. 打开最近使用的 Access 2010 数据库

启动 Access 2010 后，最近使用的 4 个数据库文件会在"文件"选项卡中显示，如果有要打开的文件，单击对应的文件名即可。

如果"文件"选项卡中未显示最近使用的文件，单击"最近所用文件"按钮，右侧窗格中就会出现最近使用的 10 多个数据库文件，单击对应的数据库文件即可打开，如图 2-27 所示。

2. 打开很久没有使用的 Access 2010 数据库

对于很久没有使用的数据库文件，按上面的方法找不到时，需要采用下面的方法来打开。

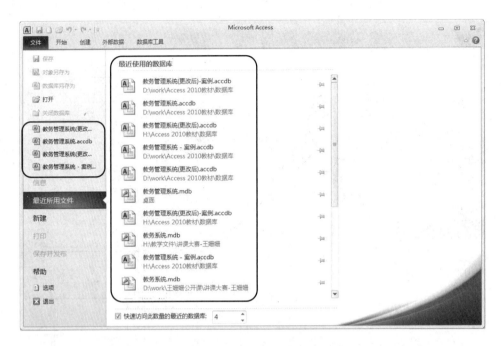

图 2-27　打开最近使用的数据库界面

启动 Access 2010 后，单击"文件"选项卡中的"打开"按钮，在打开的"打开"对话框中设置数据库文件的类型版本，再选择相应路径下的数据库文件；单击"打开"按钮，即可打开对应类型的数据库文件，如图 2-28 所示。

图 2-28　"打开"对话框

3. 数据库的打开方式

为了满足各种实际需求，Access 2010 数据库提供了 4 种不同的打开方式，如图 2-29

所示。

1）打开：选择这种方式打开数据库，即以共享的方式打开数据库，允许在同一时间有多个用户同时读写文件。

2）以只读方式打开：选择这种方式打开数据库，只能查看而无法编辑数据。

图 2-29　打开方式

3）以独占方式打开：选择这种方式打开数据库，当前用户读取与写入数据时，其他用户都无法使用该数据库。

4）以独占只读方式打开：用户以这种方式打开数据库后，其只能以只读方式打开此数据库，而并没有限制其他用户打开此数据库。

若以只读方式打开数据库，标题栏中会有只读打开数据库提示信息。

4．数据库的关闭

编辑完成数据库文件后就可以将其保存并关闭了。关闭 Access 2010 数据库的常用方法有以下两种。

1）单击标题栏右侧的"关闭"按钮。

2）选择"文件"选项卡，单击"关闭数据库"按钮。此种方法只是关闭打开的数据库文件，Access 2010 仍然开启。

2.8　数据库的管理

创建完数据库后，可以对数据库进行一些设置，用于管理数据库。例如，设置空白数据库的默认文件格式和默认数据库文件夹、查看数据库属性、备份数据库、压缩和修复数据库、设置和撤销数据库密码等。

2.8.1　设置默认的数据库格式和默认文件夹

打开数据库后单击"文件"选项卡中的"选项"按钮，打开"Access 选项"对话框，选择"常规"选项，在右侧视图"创建数据库"组中设置"空白数据库的默认文件格式"。单击"浏览"按钮，在打开的"默认的数据库路径"对话框中设置默认数据库文件夹，然后单击"确定"按钮，返回"Access 选项"对话框，如图 2-30 所示。设置完成后单击"确定"按钮退出。

2.8.2　查看数据库属性

数据库的属性包括文件名、文件大小、位置、创建时间等信息。

如果要对数据库属性进行设置，单击"文件"选项卡中的"信息"按钮，在右侧视图中单击"查看和编辑数据库属性"链接，打开相应的数据库属性对话框，如图 2-31 所示。对话框中包括"常规""摘要""统计""内容""自定义"5 个选项卡，通过这 5

个选项卡可查看及设置数据库的相关属性。

图 2-30   设置默认文件格式和路径

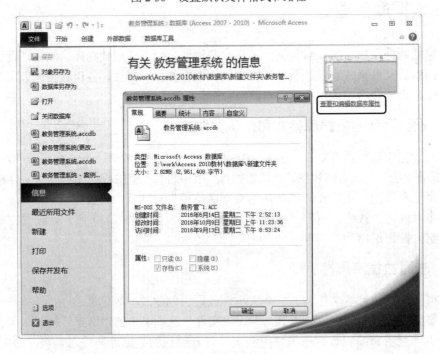

图 2-31   查看数据库属性

2.8.3　数据库的备份

在对当前数据库进行重大更改之前，最好对其进行备份。

打开要备份的数据库，单击"文件"选项卡中的"保存并发布"按钮，在右侧视图中选择"数据库另存为"组中的"备份数据库"选项，如图 2-32 所示。然后单击"另存为"按钮，打开"另存为"对话框，设置备份数据库的文件名及保存位置，如图 2-33 所示。备份后的数据库文件默认保存在当前文件夹中，默认文件名为"数据库名_备份日期"。

图 2-32　备份数据库文件界面

图 2-33　"另存为"对话框

2.8.4 数据库的压缩和修复

如果在 Access 2010 数据库中删除数据或对象，文件可能会变得支离破碎，并使磁盘空间的使用效率降低，这时可以用压缩和修复功能对数据库进行处理。

打开要压缩和修复的数据库文件，单击"数据库工具"选项卡"工具"组中的"压缩和修复数据库"按钮，或者单击"文件"选项卡中的"信息"按钮，在右侧视图中单击"压缩和修复数据库"按钮，即可对数据库文件进行压缩和修复，如图 2-34 所示。

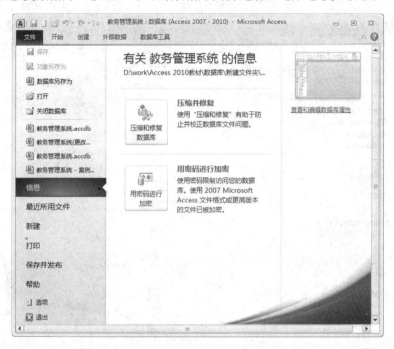

图 2-34　压缩和修复数据库界面

2.8.5 数据库密码的设置和撤销

为了确保数据库的安全性，可以设置数据库密码对数据库进行有限的保护。Access 2010 将数据库密码存储在不加密的窗体中,如果丢失或忘记了数据库密码,将不能恢复,也将无法打开数据库。

1. 设置数据库密码

关闭要进行保护的数据库，再以独占方式打开数据库，单击"文件"选项卡中的"信息"按钮，再单击右侧视图中的"用密码进行加密"按钮，打开"设置数据库密码"对话框，如图 2-35 所示。设置并验证密码后单击"确定"按钮，即可完成数据库密码的设置。

设置密码后，下次打开数据库时，系统会打开要求输入密码的对话框。

2．撤销数据库密码

首先关闭数据库，再以独占方式打开数据库文件，单击"文件"选项卡中的"信息"按钮，再单击右侧视图中的"解密数据库"按钮，打开"撤销数据库密码"对话框，如图 2-36 所示，输入密码后单击"确定"按钮，即可完成撤销数据库密码的操作。

图 2-35 "设置数据库密码"对话框

图 2-36 "撤销数据库密码"对话框

2.8.6 数据库的打包、签名和分发

使用 Access 2010 可以轻松快速地对数据库进行签名和分发。创建.accdb 文件或.accde 文件可以将文件打包，对该包应用数字签名，然后将签名包分发给其他用户。"打包并签署"工具会将该数据库放置在 Access 2010 部署文件（.accdc）中，对其进行签名，然后将签名包放在确定的位置。随后，其他用户可以从该包中提取数据库，并直接在该数据库中工作，而不是在包文件中工作。

要创建一个签名包，首先必须要有一个安全证书。如果没有安全证书，则可以使用 SelfCert 工具创建一个。在操作过程中，请记住下列事实。

1）将数据库打包并对包进行签名是一种传达信任的方式。在对数据库打包并签名后，数字签名会确认在创建该包之后数据库未进行过更改。

2）从包中提取数据库后，签名包与提取的数据库之间将不再有关系。

3）仅可以在以.accdb、.accdc 或.accde 文件格式保存的数据库中使用"打包并签署"工具。Access 2010 还提供了用于对早期版本的文件格式创建的数据库进行签名和分发的工具。所使用的数字签名工具必须适合于所使用的数据库文件格式。

4）一个包中只能添加一个数据库。

5）该过程将对包含整个数据库的包（而不仅仅是宏或模块）进行签名。

6）该过程将压缩包文件，以便缩短下载时间。

7）可以从 Windows SharePoint Services 3.0 服务器上的数据包文件中提取数据库。

1．创建自签名证书

选择"开始"→"所有程序"→"Microsoft Office"→"Microsoft Office 工具"→"VBA 项目的数字证书"选项，打开"创建数字证书"对话框，如图 2-37 所示。

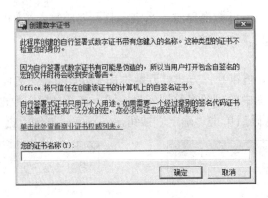

图 2-37　"创建数字证书"对话框

2. 创建签名包

1）启动 Access 2010，打开要打包并签名的数据库文件，单击"文件"选项卡中的"保存并发布"按钮，选择"数据库另存为"选项，选择右侧视图"高级"组中的"打包并签署"选项，如图 2-38 所示。

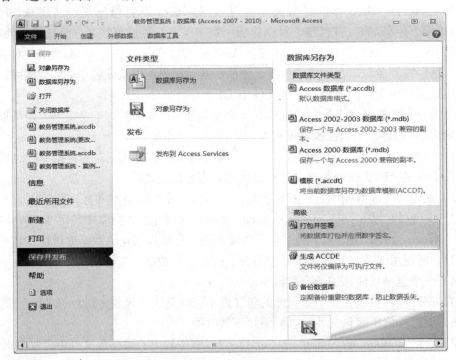

图 2-38　打包并签署

2）打开"Windows 安全"对话框，选择数字证书，单击"确定"按钮，如图 2-39 所示。

图 2-39　选择数字证书

3）打开"创建 Microsoft Access 签名包"对话框，如图 2-40 所示，并设置签名的数据库包文件名和保存位置，即 Access 2010 将创建.accdc 文件并将其存放在所选择的位置。

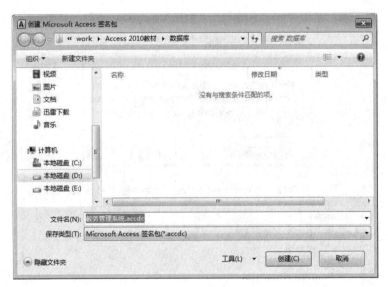

图 2-40　"创建 Microsoft Access 签名包"对话框

3. 提取并使用签名包

启动 Access 2010，单击"文件"选项卡中的"打开"按钮，打开"打开"对话框，在文件类型下拉列表中选择"Microsoft Access 签名包（*.accdc）"选项，如图 2-41 所示。找到.accdc 文件所在的文件夹，选择该文件后单击"打开"按钮，打开"Microsoft Access 安全声明"对话框，如图 2-42 所示。单击"信任来自发布者的所有内容"按钮，打开"将数据库提取到"对话框，选择保存位置，然后单击"确定"按钮即可提取数据库，如图 2-43 所示。

图 2-41 "打开"对话框

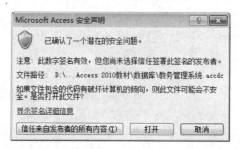

图 2-42 "Microsoft Access 安全声明"对话框

图 2-43 "将数据库提取到"对话框

2.8.7　数据库信任中心

1．Access 2010 和用户级安全

对于以新文件格式（.accdb 和.accde 文件）创建的数据库，Access 2010 不提供用户级安全。但是，如果在 Access 2010 中打开由早期版本的 Access 创建的数据库，并且该数据库应用了用户级安全，那么这些设置仍然有效。

使用用户级安全功能创建的权限不会阻止具有恶意的用户访问数据库，因此不应作为安全屏障。此功能适用于提高受信任用户对数据库的使用。若要保护数据安全，请使用 Windows 文件系统权限仅允许受信任用户访问数据库文件或关联的用户级安全文件。

如果将具有用户级安全的早期版本 Access 数据库转换为新的文件格式，则 Access 2010 将自动剔除所有安全设置，并应用保护.accdb 或.accde 文件的规则。

最后要注意的是，在打开具有新文件格式的数据库时，所有用户始终可以看到所有数据库对象。

2．Access 2010 安全体系结构

若要理解 Access 2010 安全体系结构，需要注意的是，Access 2010 数据库与 Excel 工作簿或 Word 文档是不同意义上的文件。Access 2010 数据库是一组对象（表、窗体、查询、宏、报表等），这些对象通常必须相互配合才能发挥功用。例如，当创建数据输入窗体时，如果不将窗体中的控件绑定（链接）到表，就无法用该窗体输入或存储数据。

有几个 Access 2010 组件会造成安全风险，因此不受信任的数据库中将禁用这些组件：动作查询（用于插入、删除或更改数据的查询）、宏、一些表达式（返回单个值的函数）、VBA 代码。

为了帮助确保数据更加安全，每当打开数据库时，Access 2010 和信任中心都将执行一组安全检查。此过程如下：在打开.accdb 或.accde 文件时，Access 2010 会将数据库的位置提交到信任中心。如果信任中心确定该位置受信任，则数据库将以完整功能运行。如果打开具有早期版本文件格式的数据库，则 Access 2010 会将文件位置和有关文件的数字签名（如果有）的详细信息提交到信任中心。信任中心将审核"证据"，评估该数据库是否值得信任，然后通知 Access 2010 如何打开数据库。Access 2010 或者禁用数据库，或者打开具有完整功能的数据库。

如果信任中心禁用数据库内容，则在打开数据库时将弹出图 2-44 所示的消息栏。

图 2-44　禁用活动内容消息栏

默认情况下，如果不信任数据库且没有将数据库放在受信任位置，Access 2010 将禁用数据库中所有可执行的内容。打开数据库时，Access 2010 将禁用该内容，并显示消息栏。若要启用数据库内容，则单击"启用内容"按钮，Access 2010 将启用已禁用的内容（包括潜在的、不安全的恶意代码），并重新打开具有完整功能的数据库。否则，禁用的组件将不工作。

注意：如果恶意代码损坏了数据或计算机，Access 2010 将无法弥补损失。

信任中心是设置和更改 Access 2010 安全设置的单一位置。通过信任中心，不仅可以创建或更改受信任位置，还可以设置 Access 2010 的安全选项。这些设置会影响新数据库和现有数据库在 Access 2010 中打开时的行为。此外，信任中心中包含的逻辑还可以评估数据库中的组件，并确定该数据库是可以被安全地打开，还是应由信任中心禁用该数据库，以便让用户来决定是否要启用它。

Access 2010 提供的信任中心可以设置数据库的安全和隐私，对于用户能确定安全的文件，可以新建一个文件夹集中存放，然后设置为信任位置，这样打开该文件夹中的数据库时就不会弹出消息栏。

3. 使用信任中心

1）启动 Access 2010，单击"文件"选项卡中的"选项"按钮。

2）打开"Access 选项"对话框，选择"信任中心"选项，单击"信任中心设置"按钮，如图 2-45 所示。

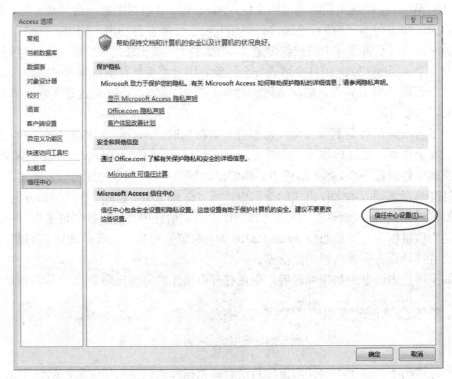

图 2-45　信任中心界面

3）打开"信任中心"对话框，在左侧窗格中选择"受信任位置"选项，然后单击"添加新位置"按钮，如图2-46所示。

4）打开"Microsoft Office 受信任位置"对话框，在"路径"文本框中输入要设置为受信任源位置的文件夹名称，单击"浏览"按钮定位文件夹，如图 2-47 所示。默认情况下，该文件夹必须位于本地驱动器上。如果要允许受信任的网络位置，可在"信任中心"对话框中选中"允许网络上的受信任位置（不推荐）"复选框。

图 2-46　"信任中心"对话框

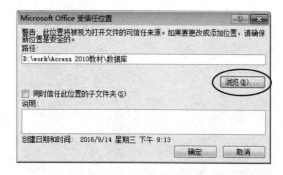

图 2-47　"Microsoft Office 受信任位置"对话框

5）选定文件夹位置后，单击“确定”按钮即可完成新的受信任位置的添加，将数据库文件移动或复制到受信任位置，以后打开存放在此位置的数据库文件时，Access 2010 将不做信任审核。

4. 使用受信任位置中的 Access 2010 数据库

将 Access 2010 数据库放在受信任位置时，所有的 VBA 代码、宏和安全表达式都会在数据库打开时运行，而不必在数据库打开时做出信任决定。

使用受信任位置中的 Access 2010 数据库的过程大致分为下面几个步骤。

1）使用信任中心查找或创建受信任位置。

2）将 Access 2010 数据库保存、移动或复制到受信任位置。

3）打开并使用数据库。

习题

1. 简述 Access 2010 中的数据库对象。
2. 简述如何打开和关闭数据库。
3. 简述如何创建数据库。
4. 简述如何为数据库创建访问密码。
5. 简述如何为数据库创建签名包，并提取和使用签名包。
6. 简述如何创建一个新的受信任位置，并将数据库存放在该位置。

第 3 章 数据表的创建与数据管理

良好的数据结构是数据库管理与应用的基础，本章以"教务管理系统"为例，完整地介绍数据库的设计与实现过程。主要内容包括数据库结构的需求分析，实体与关系的概念模型设计，实体关系图到数据的逻辑结构的实现，表结构设计到数据完整性约束关系的设定，数据表、表间关系的设计与实现方法，以及对数据的操作方法。

表是 Access 2010 数据库中用来存储数据的对象，是整个数据库的基础，它不仅是数据库中最基本的操作对象，还是整个数据库系统的数据来源。在 Access 2010 中，表是数据库其他对象的操作依据，也制约着其他数据库对象的设计与使用，表的合理性和完整性是一个好的数据库系统设计的关键。

3.1 从 E-R 图到表结构

由于数据库中的数据只存储在表中，数据表的结构与关系结构不仅决定了数据的精度，也决定了数据存取的速度，是其他对象得以正常运行及使用的基础。因此，合理的数据库首先要有一个合理的关系结构，关系结构由表结构和表间关系结构构成。关系的构建取决于实际的需求，因此，用户与数据库设计人员的良好沟通是非常重要的，如何较好地满足用户的需求，保障数据库各种应用操作的正确高效运行是非常重要的。E-R 图直观地表达了实体与关系之间的结构。

3.1.1 构建 E-R 图

数据库的先期规划是建立具体数据库前最主要的工作，是建立数据库首先要解决的问题。教务管理系统的规划需要明确以下内容。

1. 教务管理系统的主要功能

1）教务管理系统的主要功能包括教务管理人员对学生信息的管理、教师信息的管理、课程信息的管理、教师授课情况的管理及学生选课成绩的统计等教学工作进行的安排管理。

2）人事部门对教职工档案及薪资等数据进行管理与维护。

3）学生管理部门对学生学籍进行维护。

4）实际管理对象包括教师、课程、学生、教室，管理的内容包括基本信息维护与统计，提供满足教师授课与学生选课的需求。

综合以上对教务管理系统的需求分析，教务管理系统的功能如图 3-1 所示。

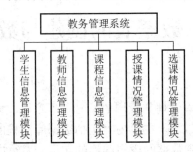

图 3-1　教务管理系统的功能模块

2. 教务管理系统的数据库结构分析

在数据库结构的设计过程中，首要问题是最大限度地保障数据库在使用过程中数据的准确性，避免因冲突和冗余造成数据错误。因此，在关系结构中要避免因关系结构中的环路造成歧义。

教务管理系统中，教学核心围绕着课程、学生和教师 3 个实体展开。学生选课，然后选教师；教师教授课程，学生在授课基础上选课；学生和教师通过课程建立联系，教师对学生学习该课程的学习情况进行评分。

基于以上分析，可拟定数据库中各实体的结构关系。各个实体的属性则根据数据库管理的需要拟定，对象实体通过关系实体依据主关键字进行连接，教务管理系统的实体关系结构 E-R 图可大致表示为图 3-2 所示的结构。

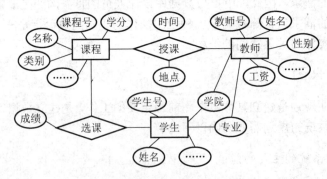

图 3-2　教务管理系统实体关系的 E-R 图

3. 教务管理系统的字段属性设置

根据对数据的具体要求，Access 2010 中的各个字段设置成不同的数据类型。Access 2010 中的字段可设置为图 3-3 所示的数据类型，不同数据类型字段的属性均不相同。其中，文本、备注、数字及自动编号数据类型需要设置字段大小，以确定占用的存储空间大小；其他数据类型的字段大小是确定的，无须设置。

　　因为数据管理过程中，最主要的就是对数据的存储及调用的管理，所以对于数据的标识、查询、建立关联及约束性设置十分必要。这也是字段设置的主要依据，即使用范式规范对对象进行约束，从而最大限度地保障数据录入的准确性和安全性，尽量避免数据库运行过程中因操作而产生的各种问题。这要求数据库设计人员对数据使用状况做好预估。

图 3-3　字段数据类型

3.1.2　将概念模型转化成逻辑结构模型

　　E-R 图表示的是数据的概念模型。数据的逻辑结构模型则包括层次结构模型、树形结构模型、关系结构模型等。Access 2010 是关系数据库管理系统，因此，数据在 Access 2010 中的逻辑结构表现形式自然是以关系结构形式表示的。

　　那么，概念模型与关系结构模型的对应关系是怎样的？根据图 3-2 所示的教务管理系统实体关系 E-R 图可以看出，实体对象可分为 3 类：一是静态实体，即数据库中主要管理的实际对象，该对象的各个特征由各种属性表示，用矩形表示；二是用于建立实体之间关联的关系实体，用菱形表示；三是属性实体，用来表示说明实体对象的属性，用椭圆形表示。

　　E-R 图形象、具体地表达了数据库中涉及的实体、关系及属性之间的关系，让人一目了然地了解整个数据库的全貌。

　　关系结构模型就是将 E-R 图中的实体以二维表的形式表现出来，最终形成彼此建立关联的数据表及关系的集合。

3.1.3　表结构的定义

　　在 Access 2010 中，表是由表名、表结构和记录构成的。一条记录即为二维表中的一行数据，用于记录和表示与主题相关的一个对象的信息，记录的集合则构成了整个数据表。表结构则是对二维表中的一列数据的共同属性特征的定义与约束，描述各个对象的某种属性信息，表结构一旦确定，表中的数据内容、数据类型、大小、取值范围等就已经确定了。表名是表存储在磁盘上的唯一标志，也是访问表中数据的唯一标志，用户只有依靠表名，才能使用指定的表。表名的定义，一要使表名能够体现表中所含数据的内容，二要考虑使用时的方便，因此尽量简略、直观。

　　通常将定义表名、定义表结构视为对表的定义。其中以表结构定义最为重要，而表结构定义的实质就是对字段的选取，以及字段的属性设置。

　1. 字段的选取

　　数据库开发人员根据表的主题及对数据记录的需求进行选取。教务管理系统中，根据需求可设置 7 个表，包括课程信息表、教师基本情况表、教师授课情况表、学生基本情况表、学生选课表、说明学生所属学院及专业的学院情况表、专业情况表。各表中字段根据需要管理数据的内容进行设置。例如，课程信息表中所需要存储并管理的数据如表 3-1 所示，以描述课程相关的信息为主要内容。

表 3-1　课程信息表

课程号	课程名称	类别	性质	学时	学分
02000001	大学语文	考查	选修	54	3
02000002	文学欣赏	考查	选修	36	2
02000003	中国古代史	考试	必修	54	3
03000001	高等数学	考试	必修	72	4
03000002	离散数学	考试	必修	60	3
03000015	线性代数	考试	必修	72	4
04000026	大学英语	考试	必修	72	4
05000001	大学计算机基础	考试	必修	64	3
05000002	高级语言程序设计	考试	必修	54	2.5
05000006	教育技术基础	考查	必修	36	2
05000011	多媒体技术	考查	选修	36	1
06000001	马克思主义经济学	考试	必修	60	4
06000002	马克思主义哲学	考试	必修	60	4
06000003	毛泽东思想概论	考试	必修	60	4

2. 字段的属性设置

（1）字段的命名规则

字段名是用来标识并引用字段的，字段名可以是大写、小写、大小写混合的英文名称，也可以是中文名称。Access 2010 中字段的命名应遵循如下规则。

1）字段名称可以包含 1~64 个字符。

2）字段名称可以是字母、数字、空格及其他字符（除句号"."、惊叹号"!"或方括号"[ ]"以外）。

3）不能使用 ASCII 码值为 0~32 的 ASCII 字符。

4）不能以空格开头。

（2）字段类型的选取及字段大小的设置

字段类型即字段的数据类型，它决定了数据的存储和表现形式。Access 2010 数据库中字段类型的选取及字段大小的设置具体规则可参照表 3-2。

表 3-2　Access 2010 的数据类型

数据类型	含义	用途
文本型	字段大小最多为 255 个字符，默认字段大小是 50 个字符	用于文本或文本与数字的组合，或不需要计算的数字，如学号、电话号码等

续表

数据类型	含义	用途
备注型	字段大小可以长达 65 535 个字符，注意不能对备注型字段进行排序或索引	用于超出文本型的数据和长文本
数字型	数字型可以是整型、长整型、字节型、单精度型和双精度型等。长度分别为 1 字节、2 字节、4 字节、8 字节。其中单精度的小数位精确到 7 位，双精度的小数位精确到 15 位	用于计算数据
自动编号型	每次向表中添加记录时，自动插入唯一的顺序号，即在自动编号字段中指定一个数值。自动编号会永久与记录连接，若删除一条记录，也不会对记录重新编号	一般用于主键，如编号字段
日期/时间型	100～9999 任意日期和时间的数字，长度为 8 字节	用于日期型数据，如出生日期字段
货币型	等价于双精度属性的数字数据类型	用于货币计算。向货币字段输入数据时，不必输入美元符号和千位分隔符，如单价、金额等字段
是/否型	取"是"或"否"值的布尔数据类型，显示为 Yes/No、True/False、On/Off	用于只包含两种不同取值的字段，如婚否字段
OLE 对象型	表中链接或嵌入的对象，如 Word、Excel、图形、图像、声音或二进制文件等。字段大小最大为 1GB，并受磁盘空间限制	用于单独链接或嵌入 OLE 对象
超链接型	可以链接到另一个文档、URL 或文档内的一部分	—
查阅向导型	为用户提供建立一个字段内容的列表	—

字段类型的选取是根据数据特征决定的，主要从两个方面来考虑：一是数据的表现形式，数据取值的有效范围决定数据所需存储空间的大小；二是数据参与的运算类型，如表 3-1 中的"课程号"字段不能参与算术运算，因此数据虽然表现为数字形式，却需要定义成文本类型。表 3-2 对数据类型的说明非常详细，参照其相应标准，可使数据的应用效果更加理想。

（3）字段的索引属性

为字段添加索引可加速字段中搜索及排序的速度，但可能会使更新变慢。字段的索引包括有（无重复）索引、有（有重复）索引、无索引 3 种类型，有索引相当于将字段中的数据排序，无重复则会限制重复项，使该字段中的数据不重复。

（4）字段的标题属性

标题属性是在使用数据表视图查阅数据时，代替字段名称对字段进行标记说明的内容。而字段名称常作为变量名被调用，因此常用变量形式即简单的英文符号命名，便于用户查阅和理解数据。

（5）字段的有效性规则属性

有效性规则用于限制该字段输入值的表达式，即可在数据类型及字段大小确定的数据范围内，进一步限定字段的取值范围，用于降低数据录入过程中的出错率。

（6）字段的默认值属性

字段默认值会在新建记录时自动输入到该字段中。

（7）字段的格式属性与输入掩码属性

格式属性用于确定字段输出或显示的格式，而输入掩码则用来控制数据录入时的格式。

3.1.4 表间关系及完整性约束

Access 2010 中，各个数据表之间建立关联的类型有一对一和一对多两种。因此，相互建立关系的两个表中，必须有唯一共同字段，并且该字段至少是其中一个表的主关键字，即主键。在 Access 2010 中表与表之间的多对多关系，只能通过一对一或一对多的关系间接实现。此外，关系（即表）中的数据及具有关联的表的数据间必须遵循的制约和依存关系，即关系的完整性。具体的关系的完整性介绍可参见 1.3.3 节，此处不再赘述。

3.2 表的操作

数据表的操作分为两个部分，一是定义表结构，表结构决定了数据；二是数据（即记录）的维护与管理。此外，Access 2010 还提供了具有数据统计功能的透视表和透视图。而对表进行操作的视图界面有 4 种，分别是数据表视图、设计视图、数据透视表视图与数据透视图视图。每种视图界面的功能区中都有与之相对应的工具选项卡。下面以“教师基本情况表”为例，逐一介绍各个视图界面。

1. 数据表视图

数据表视图如图 3-4 所示，实现该视图环境功能的“表格工具”选项卡如图 3-5 所示。在该视图环境下，操作对象为数据表中的数据，也可对表结构做粗略调整，主要用于实现表中数据的增加、删除、修改、查询、统计等操作，以及格式化操作等功能。

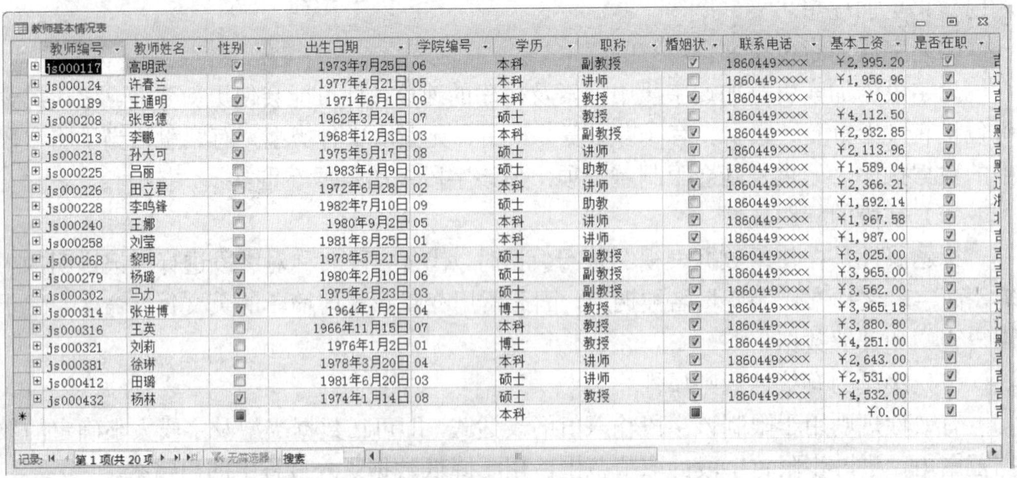

教师基本情况表

教师编号	教师姓名	性别	出生日期	学院编号	学历	职称	婚姻状.	联系电话	基本工资	是否在职
js000117	高明武	☑	1973年7月25日	06	本科	副教授	☑	1860449××××	¥2,995.20	☑
js000124	许春兰	☐	1977年4月21日	05	本科	讲师	☐	1860449××××	¥1,956.96	☑
js000189	王通明	☑	1971年6月1日	09	本科	教授	☑	1860449××××	¥0.00	☑
js000208	张思德	☑	1962年3月24日	07	硕士	教授	☐	1860449××××	¥4,112.50	☐
js000213	李鹏	☑	1968年12月3日	03	本科	副教授	☑	1860449××××	¥2,932.85	☑
js000218	孙大可	☑	1975年5月17日	08	硕士	讲师	☑	1860449××××	¥2,113.96	☑
js000225	吕丽	☐	1983年4月9日	01	硕士	助教	☐	1860449××××	¥1,589.04	☑
js000226	田立君	☐	1972年6月28日	02	本科	讲师	☑	1860449××××	¥2,366.21	☑
js000228	李鸣锋	☑	1982年7月10日	09	硕士	助教	☐	1860449××××	¥1,692.14	☑
js000240	王娜	☐	1980年9月2日	05	本科	讲师	☑	1860449××××	¥1,967.58	☑
js000258	刘莹	☐	1981年8月25日	01	本科	讲师	☑	1860449××××	¥1,987.00	☑
js000268	黎明	☑	1978年5月21日	02	硕士	副教授	☐	1860449××××	¥3,025.00	☑
js000279	杨璐	☑	1980年2月10日	06	硕士	副教授	☐	1860449××××	¥3,965.00	☑
js000302	马力	☑	1975年6月23日	03	硕士	副教授	☑	1860449××××	¥3,562.00	☑
js000314	张进博	☑	1964年1月2日	04	博士	教授	☑	1860449××××	¥3,965.18	☑
js000316	王英	☐	1966年11月15日	07	本科	教授	☑	1860449××××	¥3,880.80	☐
js000321	刘莉	☐	1976年1月2日	01	博士	教授	☑	1860449××××	¥4,251.00	☑
js000381	徐琳	☐	1978年3月20日	04	本科	讲师	☑	1860449××××	¥2,643.00	☑
js000412	田璐	☐	1981年6月20日	03	硕士	讲师	☑	1860449××××	¥2,531.00	☑
js000432	杨林	☑	1974年1月14日	08	硕士	教授	☑	1860449××××	¥4,532.00	☑
*		■			本科		■		¥0.00	☑

记录: 第 1 项(共 20 项 无筛选器 搜索

图 3-4 数据表视图

图 3-5　数据表视图的表格工具

2. 表设计视图

表设计视图（或称为表设计器，图 3-6）状态下的表格工具如图 3-7 所示，主要用于创建、修改表中字段的属性，设置各字段的完整性约束，保障数据表中数据的准确性及安全性，为数据的录入提供便利条件等；建立索引，用于保证数据的可查询性及记录的唯一性，保证存储效率；设置主键，用于建立各表之间的关联。因此，使用设计器对于表的构建最为全面，是最重要的创建表和维护表结构的方式。

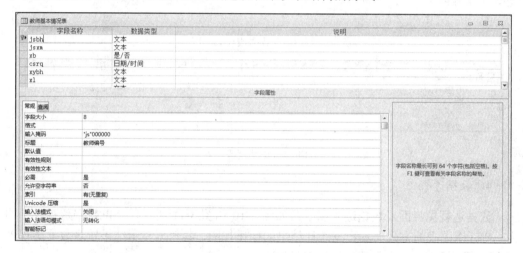

图 3-6　表设计视图

图 3-7　设计视图的表格工具

3. 数据透视表

数据透视表及在该视图界面中使用的数据透视表工具分别如图 3-8 和图 3-9 所示，可以将表中的数据以数据透视表的形式进行分类统计，使数据按各分类项进行交叉统计，并可以以 Excel 形式输出，且作为数据透视图的数据基础。数据透视表的统计结果具有直观具体的特点，虽然在数据库的构建中并不像数据表那样常用，但也有其不可替代的作用。

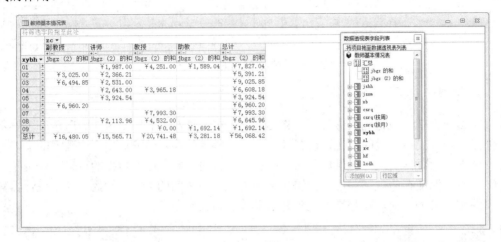

图 3-8　数据透视表

图 3-9　数据透视表工具

4. 数据透视图

数据透视图界面及数据透视图工具如图 3-10 和图 3-11 所示，是以数据透视表结构为基础，用图表的方式显示数据统计结果的操作视图，其数据显示结果较之数据透视表更为直观，操作方式也与数据透视表类似。

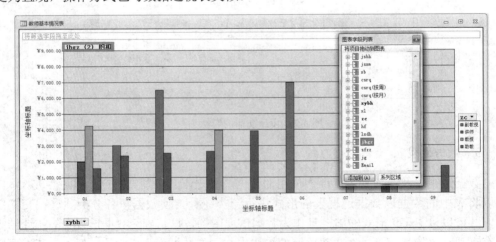

图 3-10　数据透视图

上述 4 种对数据表进行操作的视图界面，在表被打开后，可通过"表格工具-设计"选项卡"视图"组中的"视图"下拉列表进行切换，如图 3-12 所示。当然，随着视图的切换，相应的工具选项卡也会出现在功能区中。

图 3-11　数据透视图工具

图 3-12　表操作的 4 种视图

3.3　表的创建

创建表时，用户可以根据不同的情况，以及对数据表的不同要求，选择不同的视图环境及创建方法，Access 2010 中创建表可采用以下 4 种方法。

3.3.1　使用模板创建表

情况一：创建一个或多个与模板中数据库结构相近的数据表。

优点：采用模板向导创建数据库及表是不错的选择，只需进行简单的选择，即可创建数据库。这种方法适用于对数据要求不是很严格的非营利性质的单位或个人使用。

缺点：模板与用户实际需求存在差异，表伴随着数据库的创建而创建，与此同时，也会生成查询、窗体等对象。而所有的对象与用户实际应用的差距需要用户自行修改。

例 3.1　运用模板向导创建"教职工"数据库表。

具体操作步骤如下。

1）单击"文件"选项卡中的"新建"按钮，在右侧的视图界面中单击"样本模板"按钮，如图 3-13 所示。

2）在可用的样本模板中选择"教职员"选项，如图 3-14 所示。单击界面右下角的"创建"按钮，即自动生成数据库，并打开数据表"教职员列表"，生成图 3-15 所示的"教职员"数据库。

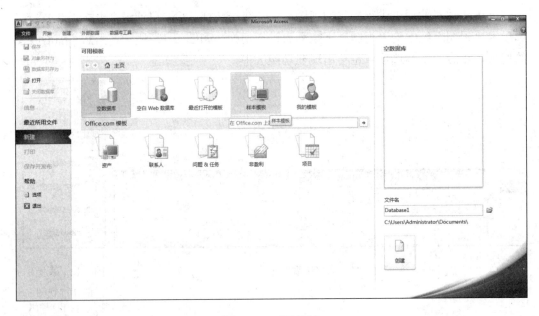

图 3-13 可用模板

图 3-14 可用样本模板

　　此方法生成的数据库表只有表结构，没有数据。实际数据库开发过程中的数据一般为检测数据，用于检验数据库组织结构及表结构的合理性，真实数据是由用户在使用过程中添加到数据库表中的。

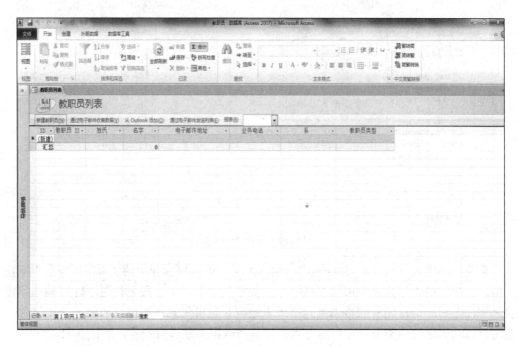

图 3-15　生成的"教职员"数据库

3.3.2　录入数据创建表

情况二：存在大量已知数据需要录入，且字段属性不明确。

优点：操作简单方便，对初学者来说容易掌握。

缺点：字段属性设置简单，只能设置字段名及字段类型，对数据的约束不严格，在修改表中字段属性时，存在数据产生错误甚至丢失的风险。

例 3.2　在数据表视图界面，运用录入数据的方法创建数据表"教师授课情况表"。具体操作步骤如下。

1. 录入数据

单击"创建"选项卡"表格"组中的"表"按钮，如图 3-16 所示，打开图 3-17 所示的数据表视图。

图 3-16　创建表工具

图 3-17　数据表视图

系统自动生成 ID 字段，数据类型为自动编号，单击列标题中的"单击以添加"下拉按钮，在弹出的下拉列表中可设置该字段的数据类型。双击字段名位置，即可输入字段的名称，之后即可在相应的数据单元格录入数据；也可先录入数据，再修改字段名称，系统会自动识别数据类型；也可通过表格工具对数据类型进行设置，如图 3-18 所示。

图 3-18　表格工具

数据录入完成后，保存并命名即可生成新表，如图 3-19 所示。

课程号	教师编号	学期	授课时间	授课地点	单击以添加
03000001	js000316	2015冬季	星期五第一大节	202	
03000015	js000314	2015冬季	星期一第四大节	102	
03000015	js000316	2015冬季	星期二第四大节	102	
04000026	js000117	2015冬季	星期二第一大节	101	
04000026	js000124	2015冬季	星期二第二大节	301	
05000001	js000208	2015冬季	星期二第二大节	102	
05000001	js000213	2015冬季	星期二第一大节	101	
05000001	js000218	2015冬季	星期一第三大节	102	
05000002	js000208	2015冬季	星期一第三大节	102	
05000002	js000213	2015冬季	星期五第二大节	201	
05000002	js000218	2015冬季	星期三第二大节	101	
05000006	js000226	2015冬季	星期二第三大节	201	
05000006	js000228	2015冬季	星期三第一大节	202	
05000011	js000226	2015冬季	星期五第一大节	201	
05000011	js000228	2015冬季	星期四第四大节	301	

图 3-19　"教师授课情况表"数据

2. 在设计视图中修改表结构

数据表保存后，运用表设计视图打开已有的数据表，如图 3-20 所示，可以看到，之前在列标题中输入的名称即为字段名称，"标题"属性为空，文本类型"字段大小"为默认值 255，其他属性也未经设置。用户可依据对字段数据的要求进行修改。

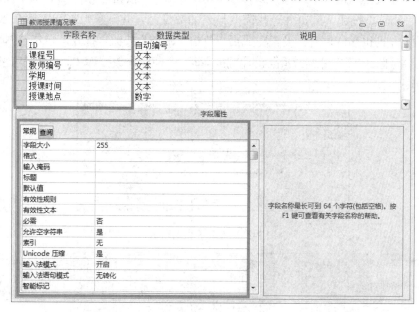

图 3-20 表结构

3. 检验数据

一旦字段属性设置发生改变，即表结构发生了变化，新的字段属性被用于对数据进行约束，可能会使数据发生改变。因此，对表结构进行调整后，需要检验数据是否发生改变，并及时修改，以保证数据的正确性。

在实际应用过程中，该方法必须在确认数据无误的基础上使用，否则在数据表与其他数据表建立关联的过程中，会因为不满足数据约束关系而无法建立参照完整性规则。

3.3.3 向数据库中导入表

情况三：外部数据源已有大量数据可用。

优点：省去逐个录入数据的麻烦，提高了数据的复用率。

缺点：该方式生成的表与录入数据方法生成的表存在同样的问题，字段属性设置简单，只能设置字段名及字段类型，由此对数据的约束不严格，在修改表中字段属性时，存在数据产生错误甚至丢失的风险。然而较之其他方式，该方法的效率最高，省去了录入数据的麻烦。

例 3.3 将 Excel 电子表格"课程信息表"中的数据导入当前数据库生成表。
具体操作步骤如下。

1. 导入数据

在"外部数据"选项卡（图 3-21）中单击"Excel"按钮，打开图 3-22 所示的对话框，单击"浏览"按钮，浏览并查找需要导入的数据源，并设置数据导入后在当前数据库中的存储方式和存储位置。设置完成后，单击"确定"按钮，打开"导入数据表向导"对话框，参照图 3-23～图 3-27 所示的设置，即可将表导入数据库中，"课程信息表"导入结果如图 3-28 所示。

图 3-21　外部数据选项卡

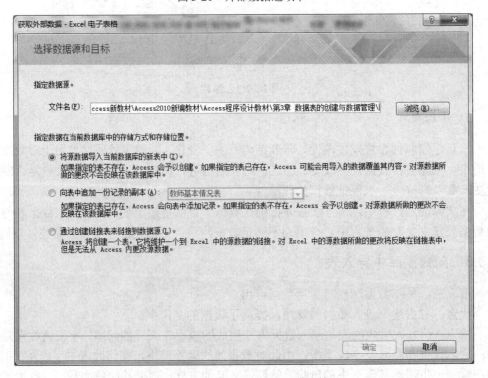

图 3-22　指定外部数据源

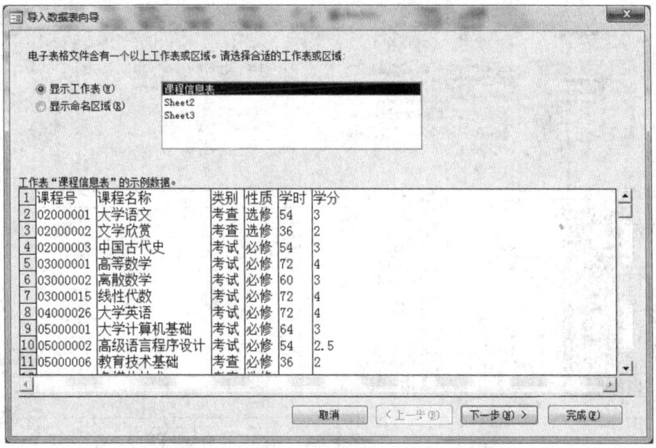

图 3-23 导入数据表向导（1）

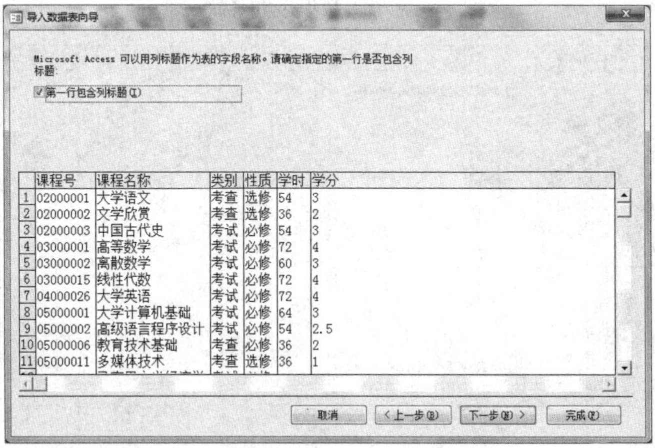

图 3-24 导入数据表向导（2）

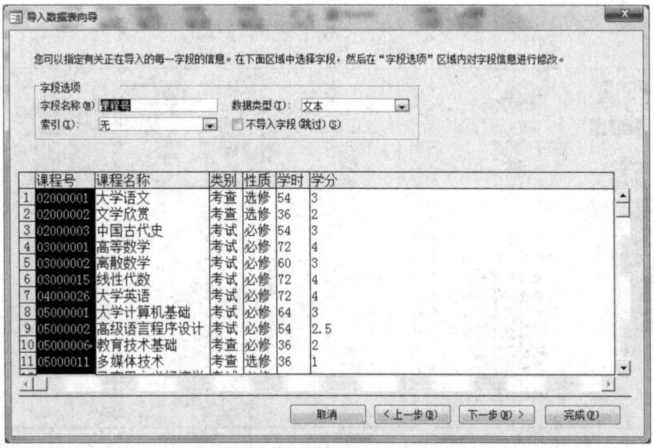

图 3-25 导入数据表向导（3）

图 3-26　导入数据表向导（4）

图 3-27　导入数据表向导（5）

课程号	课程名称	类别	性质	学时	学分	单击以添加
02000001	大学语文	考查	选修	54	3	
02000002	文学欣赏	考查	选修	36	2	
02000003	中国古代史	考试	必修	54	3	
03000001	高等数学	考试	必修	72	4	
03000002	离散数学	考试	必修	60	3	
03000015	线性代数	考试	必修	72	4	
04000026	大学英语	考试	必修	72	4	
05000001	大学计算机基础	考试	必修	64	3	
05000002	高级语言程序设计	考试	必修	54	2.5	
05000006	教育技术基础	考查	必修	36	2	
05000011	多媒体技术	考查	必修	36	1	
06000001	马克思主义经济学	考试	必修	60	4	
06000002	马克思主义哲学	考试	必修	60	4	
06000003	毛泽东思想概论	考试	必修	60	4	

图 3-28　导入的"课程信息表"

2. 在设计视图中修改表结构

数据表导入生成后，运用表设计视图打开已有的数据表，如图 3-29 所示。可以发现，其与录入数据生成的表一样，字段只有字段名称，文本类型"字段大小"为默认值255，其他属性为空或为默认值，需要进一步修改。

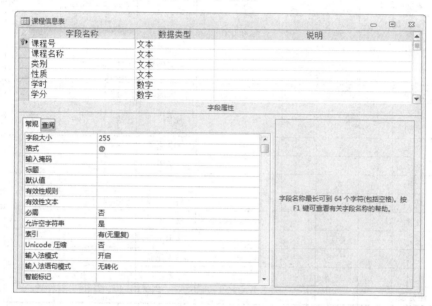

图 3-29 导入的表结构

3. 检验数据

同样，因表结构的改变可能引起数据偏差，需要进一步检验。

3.3.4 运用表设计器创建表

之前的 3 种创建表的方法都是直接对数据进行操作，而在实际的数据库开发过程中，数据库开发设计人员为保证数据库中数据的准确性，需要先对字段属性进行完整性约束的详细设置，之后才会导入或录入数据，对数据库的可靠性进行检验。

情况四：对数据要求较高，用于数据库设计开发，无须实际数据支持，数据仅用于检验数据库功能与结构。开发的数据库可用于商业用途，适合有数据库需求的个人和企业，用于实现数据库逻辑结构模型。

优点：所建的数据库结构严谨，数据可靠性高。

缺点：建表过程较长。

例 3.4 使用表设计器创建"教师基本情况表"。

字段属性在表设计视图中设置，根据对教师信息管理的需求，拟定字段及各字段常用属性，如表 3-3 所示，其中"—"表示无须设置，且不同数据类型字段所包含的属性不同。

表 3-3　"教师基本情况表"字段属性设置

字段名称	字段类型	字段大小	格式	小数位数	输入掩码	标题	必填字段	允许空字符串	索引	输入法模式
jsbh	文本	8	—	—	js000000	教师编号	是	否	有（无重复）	关闭
jsxm	文本	8	@	—	—	教师姓名	是	否	有（有重复）	开启
xb	是/否	—	是/否	—	—	性别	—	—	无	—
csrq	日期/时间	—	长日期	—	—	出生日期	是	否	无	关闭
xybh	文本	2	—	—	—	学院编号	—	—	—	—
xl	文本	10	—	—	—	学历	—	—	—	—
zc	文本	10	@	—	—	职称	否	是	无	开启
hf	是/否	—	是/否	—	—	婚姻状况	否	—	无	—
lxdh	文本	13	—	—	0000-00000000	联系电话	—	—	—	—
jbgz	货币	—	货币	2	—	基本工资	否	—	无	—
sfzz	是/否	—	是/否	—	—	是否在职	—	—	—	—
jg	文本	20	—	—	—	籍贯	—	—	—	—
Email	超链接	—	—	—	—	电子邮箱	—	—	—	—

字段的属性设置规则如下。

1. 常用数据类型字段大小及格式属性

1）文本类型字段：根据数据大小设置字段大小，如"教师"。若字段大小超过 255 字节，可将数据类型设置为备注型。

2）文本/备注数据类型的字段格式说明如表 3-4 所示。

表 3-4　文本/备注数据类型的字段格式说明

文本/备注型	说明
@	要求文本字符（字符或空格）
&	不要求文本字符
<	使所有字符变为小写
>	使所有字符变为大写

3）数字/货币类型字段：根据数字的取值范围不同，其字段大小可设置为字节型、小数型、整型、长整型、单精度型、双精度型及同步复制 ID，如表 3-5 所示；格式可设置为常规数字、欧元、货币、固定、标准、百分比和科学记数，如表 3-6 所示。

表 3-5 数字型字段大小的属性取值范围

数字型	说明	小数位数	存储量大小
字节型	保存 0～255 的数字	无	1 字节
小数型	保存 -10^{28}～$+10^{28}$ 的数字	28	12 字节
整型	保存 $-32\,768$～$+32\,767$ 的数字	无	2 字节
长整型	（默认值）保存 $-2\,147\,483\,648$～$+2\,147\,483\,647$ 的数字	无	4 字节
单精度型	保存 -3.4×10^{38}～$+3.4\times10^{38}$ 的数字	7	4 字节
双精度型	保存 $-1.797\,34\times10^{308}$～$+1.797\,34\times10^{308}$ 的数字	15	8 字节
同步复制 ID	全球唯一标识符	N/A	16 字节

表 3-6 数字/货币数据类型的字段格式说明

数字/货币型	说明
常规数字	（默认值）以输入的方式显示数字，如 123.456
欧元	使用欧元符号，如 €123.45
货币	使用千位分隔符，如 ¥2,000.00
固定	至少显示一位数字，如 3456.78
标准	使用千位分隔符，如 2,000.00
百分比	乘以 100 再加上百分号（%），如 123.00%
科学记数	使用标准的科学记数法，如 2.00E+03

4）是/否类型字段：该类型提供了 Yes/No、True/False 及 On/Off 预定义格式。Yes、True 及 On 是等效的，No、False 及 Off 也是等效的。如果指定了某个预定义的格式并输入了一个等效值，则将显示等效值的预定义格式。例如，如果在一个是/否属性被设置为 Yes/No 的文本框控件中输入了 True 或 On，数据将自动转换为 Yes，而其实际值则相应可取 1 或 0。

5）日期/时间类型字段：该字段大小为 8 字节，其字段格式说明如表 3-7 所示。

表 3-7 日期/时间数据类型的字段格式说明

日期/时间型	说明
常规日期	（默认值）如 2017-6-19
长日期	与 Windows 区域设置中"长日期"设置相同，如 2017 年 6 月 19 日
中日期	如 17-09-16
短日期	与 Windows 区域设置中"短日期"设置相同，如 2017-7-2
长时间	与 Windows 区域设置中"时间"选项卡设置相同，如 17:34:23
中时间	如 17:34:00
短时间	如 17:34

2. 输入掩码属性

输入掩码用来设置字段中的数据输入格式,可以控制用户按指定格式在文本框中输入数据,输入掩码主要用于文本型和时间/日期型字段,也可以用于数字型和货币型字段。

前面介绍了格式的定义,格式用来限制数据输出的样式,而输入掩码则用来限定添加或编辑数据时的格式。注意:同时使用格式和输入掩码属性时,它们的结果不能互相冲突。

单击图 3-30 中"输入掩码"文本框右侧的 ⋯ 按钮,打开"输入掩码向导"对话框进行设置,如图 3-31 所示。输入掩码属性所使用的字符及其含义如表 3-8 所示。

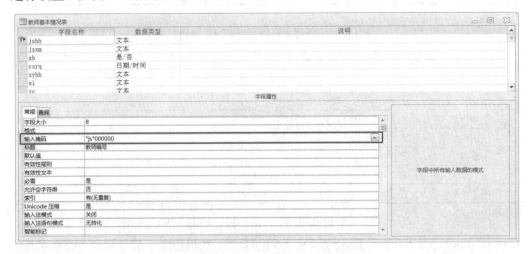

图 3-30 输入掩码设置

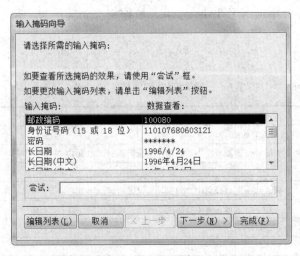

图 3-31 "输入掩码向导"对话框

表 3-8　输入掩码属性所使用的字符及其含义

字符	说明
0	数字 0～9，必选项，不允许使用加号和减号
9	数字或空格，非必选项，不允许使用加号和减号
#	数字或空格，非必选项，空白将转换为空格，允许使用加号和减号
L	字母 A～Z，必选项
?	字母 A～Z，可选项
A	字母或数字，必选项
a	字母或数字，可选项
&	任一字符或空格，必选项
C	任一字符或空格，可选项
. , : ; - /	十进制占位符、千位分隔符、日期和时间分隔符，实际使用的字符取决于 Windows 控制面板中指定的区域设置
<	使其后所有的字符转换为小写
>	使其后所有的字符转换为大写
!	使输入掩码从右到左显示，而不是从左到右显示。输入掩码中的字符始终都是从左到右输入。可以在输入掩码中的任何地方包括感叹号
\	使其后的字符显示为原义字符。可用于将该表中的任何字符显示为原义字符，如\A 显示为 A
密码	文本框中输入的任何字符都按字面字符保存，但显示为星号（*）

“教师基本情况表”中的“jsbh”字段中数据的格式是由字符 js 引导 6 位数字构成的，因此可设置该字段的输入掩码为图 3-30 所示的“"js"000000”，依据表 3-8 可知，0 表示数字格式占位符。当在数据表视图中建立新记录时，该字段则以输入格式显示，输入掩码格式的应用如图 3-32 所示。

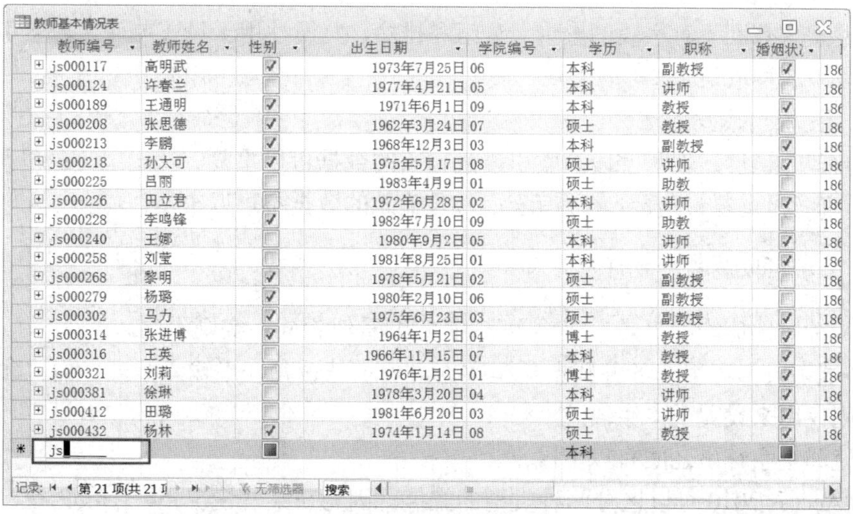
教师基本情况表

教师编号	教师姓名	性别	出生日期	学院编号	学历	职称	婚姻状况	
js000117	高明武	✓	1973年7月25日	06	本科	副教授	✓	186
js000124	许春兰		1977年4月21日	05	本科	讲师		186
js000189	王通明	✓	1971年6月1日	09	本科	教授	✓	186
js000208	张思德	✓	1962年3月24日	07	硕士	教授		186
js000213	李鹏	✓	1968年12月3日	03	本科	副教授	✓	186
js000218	孙大可	✓	1975年5月17日	08	硕士	讲师	✓	186
js000225	吕丽		1983年4月9日	01	硕士	助教		186
js000226	田立君		1972年6月28日	02	本科	讲师	✓	186
js000228	李鸣锋	✓	1982年7月10日	09	硕士	助教		186
js000240	王娜		1980年9月2日	05	本科	讲师	✓	186
js000258	刘莹		1981年8月25日	01	本科	讲师	✓	186
js000268	黎明	✓	1978年5月21日	02	硕士	副教授		186
js000279	杨璐	✓	1980年2月10日	06	硕士	副教授		186
js000302	马力	✓	1975年6月23日	03	硕士	副教授	✓	186
js000314	张进博	✓	1964年1月2日	04	博士	教授	✓	186
js000316	王英		1966年11月15日	07	本科	教授	✓	186
js000321	刘莉		1976年1月2日	01	博士	教授	✓	186
js000381	徐琳		1978年3月20日	04	本科	讲师	✓	186
js000412	田璐		1981年6月20日	03	硕士	讲师	✓	186
js000432	杨林	✓	1974年1月14日	08	硕士	教授	✓	186
js______					本科			

记录: 第 21 项(共 21 项　无筛选器　搜索

图 3-32　输入掩码格式的应用

3. 标题属性

使用标题属性可以指定字段名的显示名称，即它在表、查询或报表等对象中显示时的标题文字。如果没有为字段设置标题，就显示相应的字段名称。

标题属性将取代原来字段名称在表中的显示。在实际应用中，为了操作方便和快速输入，人们常用英文或汉语拼音作为字段名称，通过设置标题来实现在显示窗口中用汉字显示列标题。标题可以是字母、数字、空格和符号的任意组合，长度最多为 2048 个字符。

4. 默认值属性

默认值属性用于指定在输入新记录时系统自动输入到字段中的值。默认值可以是常量、函数或表达式。类型为自动编号和 OLE 对象的字段不可设置默认值。

5. 有效性规则属性和有效性文本属性

有效性规则属性和有效性文本属性常搭配使用，用于约束输入数据的范围及特征，输入的数据必须满足有效性规则设置的条件，若违反有效性规则，则会显示有效性文本设置的提示信息。

例如，当将"性别"字段的有效性规则设置为"'男'OR'女'"时，若用户输入"男""女"之外的其他数据，则显示提示信息。例如，"性别"字段的有效性文本设置为"性别只能取'男'或'女'"。

6. 索引属性

设置索引有利于对字段的查询、分组和排序，此属性用于设置单一字段索引。索引属性有以下 3 种取值。

1）无：表示无索引。

2）有（重复）：表示字段有索引，且输入的数据可以重复。

3）有（无重复）：表示字段有索引，且输入的数据不可以重复。

7. 必填字段属性和允许空字符串属性

这两种属性值均为"是"或"否"，且它们看似相同，实则不同。

"必填字段"可用于各种数据类型数据，表示是否允许不输入数据。而"允许空字符串"则仅用来设置文本字段。

空值和空字符串之间有以下区别。

1）Access 2010 可以区分两种类型的空值。因为在某些情况下，字段为空，可能是因为信息目前无法获得，或者字段不适用于某一特定的记录。在这种情况下，使字段保留为空或输入 Null 值,意味着"未知"。输入双引号或输入空字符串,则意味着"已知,但没有值"。

2)如果允许字段为空,可以将"必填字段"和"允许空字符串"属性设置为"否",作为新建的文本、备注或超链接字段的默认设置。

3)如果不希望字段为空,可以将"必填字段"属性设置为"是",将"允许空字符串"属性设置为"否"。

4)如果希望区分字段空白的两个原因:信息未知及没有信息,可以将"必填字段"属性设置为"否",将"允许空字符串"属性设置为"是"。在这种情况下,添加记录时,如果信息未知,应该使字段保留空白(即输入 Null 值);如果没有提供给当前记录的值,则应该输入不带空格的双引号(" ")来输入一个空字符串。

8. 输入法模式属性

输入法模式用来设置是否自动打开输入法,常用的有 3 种模式:随意、输入法开启和输入法关闭。随意为保持原来的输入状态。

9. 查阅属性

文本类型字段设置查阅属性,使字段值可通过组合框或列表框进行选取。这里以"课程信息表"中的"lb"字段查阅属性设置为例,介绍查阅属性的设置方法。

方法一:利用查阅向导进行设置,在图 3-33 所示的表设计视图中设置"lb"字段的数据类型为"查阅向导",即可打开"查阅向导"对话框。

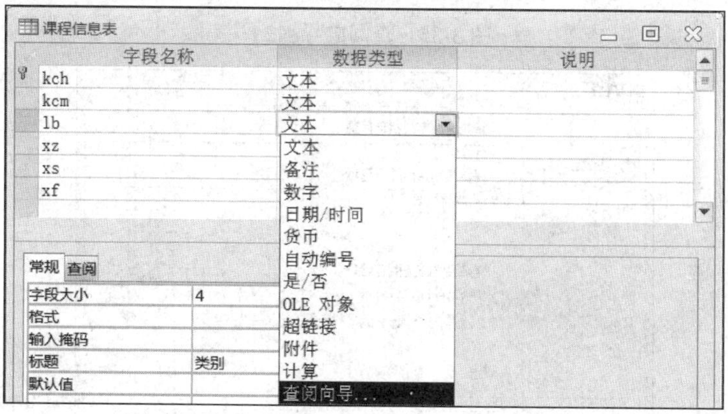

图 3-33 查阅向导数据类型

1)选中"自行键入所需的值"单选按钮,单击"下一步"按钮,如图 3-34 所示。

2)设置"列数"为 1,并输入"考试"和"考查",如图 3-35 所示。

3)设置字段标签,选择取值限定范围,如图 3-36 所示。

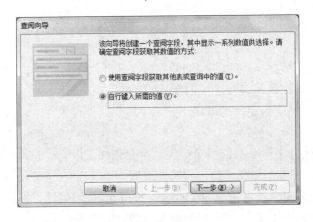

图 3-34　查阅向导（1）

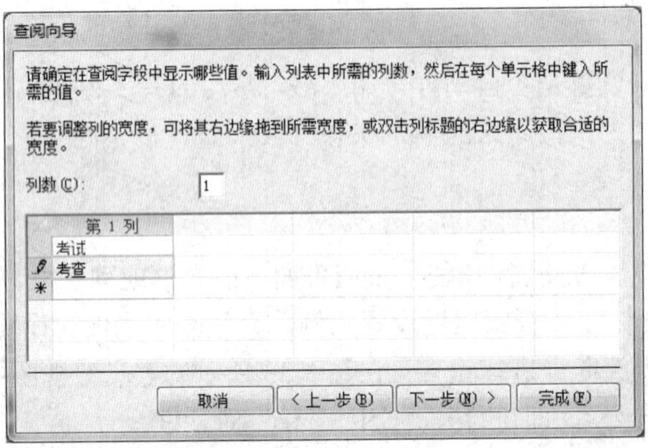

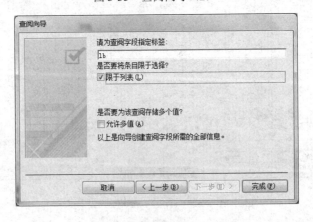

图 3-35　查阅向导（2）

图 3-36　查阅向导（3）

方法二：在"查阅"选项卡中，进行图 3-37 所示的设置。

以上两种设置方法操作结果没有差别。

图 3-37　查阅属性设置

10．Unicode 压缩

在 Unicode 编码中每个字符占 2 字节，而不是 1 字节。在 1 字节中存储的每个字符的编码方案将用户限制到单一的代码页（包含最多有 256 个字符的编号集合）。但是，因为 Unicode 使用 2 字节代表每个字符，因此它最多支持 65 536 个字符。可以通过将字段的"Unicode 压缩"属性设置为"是"来弥补 Unicode 字符表达方式所造成的影响，以确保得到优化的性能。"Unicode 压缩"属性值有两个，分别为"是"和"否"，设置为"是"，表示本字段中数据可能存储和显示多种语言的文本。

3.4　表间关系的建立

建立表间关系时，首先要确定需要建立关系的两个表的主从关系，并确定主键和外键。主键和外键的字段类型、字段大小、格式、输入掩码、有效性规则等字段属性必须一致。然后，将主键与外键连接建立表间关系，并对关系进行编辑。本节以建立"教师基本情况表"和"教师授课情况表"之间的关系为例，介绍建立表间关系的步骤与方法。其中，"教师基本情况表"为主表，通过"jsbh"字段与"教师授课情况表"中的"jsbh"字段建立关联。

1．设置主键

在"数据库工具"选项卡"关系"组中单击"关系"按钮，如图 3-38 所示。打开关系设计窗口，并将"教师基本情况表"和"教师授课情况表"显示到关系设计窗口，如图 3-39 所示。右击"教师基本情况表"，在弹出的快捷菜单中选择"表设计"选项，在设计视图中选择"jsbh"字段，并将其设置为主键，如图 3-40 所示。

图 3-38   "数据库工具"选项卡

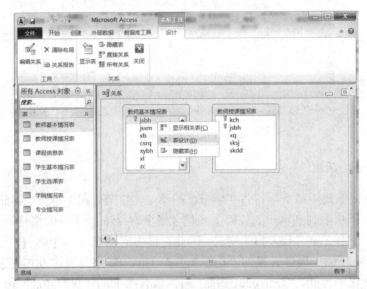

图 3-39   在关系视图中显示表

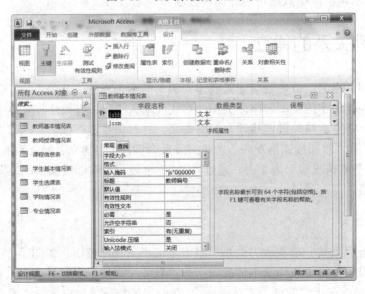

图 3-40   设置 jsbh 字段为主键

一个表中只能设置一个主键，主键在表设计视图中设置。除使用上述方式打开表设计器外，用其他方式打开表设计器对主键的设置效果是一致的。而主键除建立关联使用外，另一主要功能则是遵循第一范式，保证数据记录的唯一性。

"教师授课情况表"用于描述教师与课程的关系，因此，表中的"jsbh"字段不是该表的主键，表中的主键为"jsbh"与"kch"的组合，同时选中两个字段设置即可，如图 3-41 所示，用于保证该字段组合中数据的唯一性，却并不被应用于建立关系。

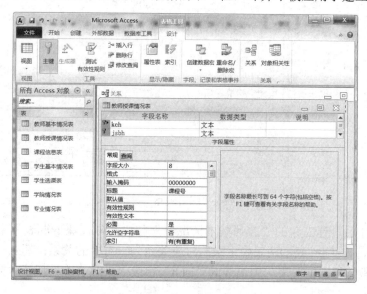

图 3-41　复合字段作为主键

2. 创建并编辑关系

主键设定后，即可在关系设计器中设计编辑关系。在主表"教师基本情况表"中选中主键"jsbh"字段，并拖动至从表"教师授课情况表"中。在随后打开的"编辑关系"对话框中，编辑两表之间的关系规则，如图 3-42 所示。

编辑关系需要设置的内容如图 3-43 所示。

1）确定主表与从表和选择相应表中的主键与外键，用于保证通过该字段将两个表中的数据进行连接。

2）设置参照完整性，确定从表中相关数据记录在主表信息进行修改及删除等操作时，是否自动做出相应的调整，以确保主从表中数据的一致性及安全性。

3）选择连接类型，确定从表中的数据是否依托于主表，或主表中的数据依托于从表。

以上设置加强了对输入数据的约束与管理，在数据输入过程中，可实现对数据进行筛选，剔除不满足操作要求的数据，避免冗余。同时也可以在同一界面中完成对两个表中数据的录入。

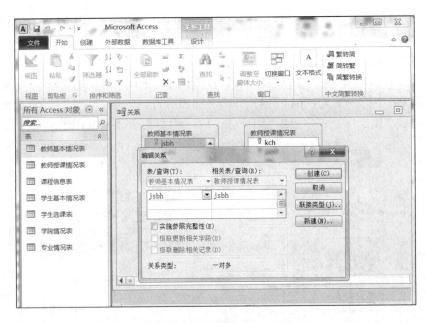

图 3-42　"编辑关系"对话框

完成操作后，建立起的"教师基本情况表"与"教师授课情况表"之间的关系如图 3-44 所示，1 与 ∞ 表示两表中记录的对应关系为一对多的关系；箭头指向表示数据来源，即"教师授课情况表"中出现的"jsbh"字段值来源于"教师基本情况表"中的"jsbh"字段。

图 3-43　设置关系内容

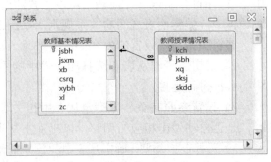

图 3-44　建立的表间关系

根据之前对"教务管理系统"结构的分析，最终构建起的关系结构如图 3-45 所示。

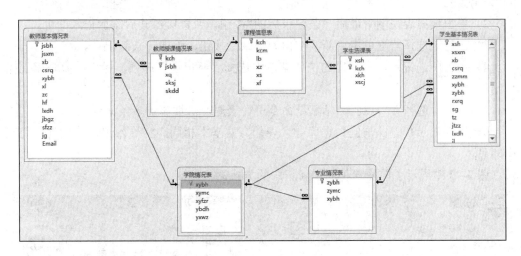

图 3-45　"教务管理系统"的关系结构

3.5　数据的管理与表格式化

数据库管理系统中的表结构及关系建立完成后，数据库建立的基本任务就已完成。对于数据的维护管理工作包括数据的录入、添加新数据、删除和修改已有数据、查询、排序与筛选、统计计算操作等，此外 Access 2010 中的数据表还提供了数据格式化功能。所有对数据的维护与操作均是在数据表视图（或称为表的浏览窗口）中进行的，数据操作的表格工具如图 3-46 所示。

图 3-46　数据操作的表格工具

3.5.1　数据的管理与维护

下面以"教师基本情况表"为例，逐一介绍 Access 2010 中数据维护的具体操作方法。

1. 添加新数据

在"教师基本情况表"的数据表视图中添加新记录，可以通过以下几种方式进行。

1）在"开始"选项卡"记录"组中，单击"新建"按钮，在表尾追加一条新记录。

2）单击数据表视图中最后一条记录后的*按钮，或直接在其后添加记录即可。

3）在记录选择器上单击"新（空白）记录"按钮，添加一条新记录。

4）右击所选记录，在弹出的快捷菜单中选择"新记录"选项，操作结果与以上操作结果相同。

5）使用"选择""复制""粘贴"命令可在表尾一次性添加多条记录。

6）导入记录，方法与向数据库导入表的方式基本相同，将导入记录追加到当前表中即可。

图 3-47 中展示了前面 5 种添加新记录的方式。

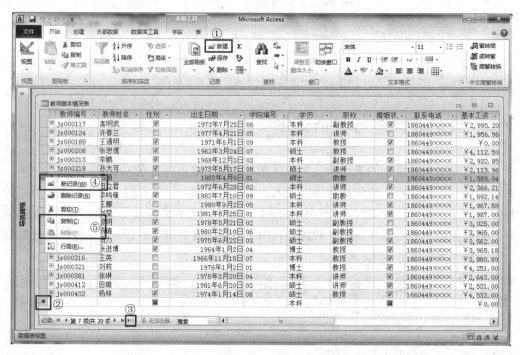

图 3-47　添加新记录

在建立关联的主表中，还可以直接在主表的数据表视图中对其子表数据进行维护，在"开始"选项卡"记录"组中单击"其他"下拉按钮，展开子数据表，即可显示与该记录相关的子表信息，如图 3-48 所示。

操作和修改记录内容时，系统会自动存储，而无须确认保存。若涉及表结构的变化，即字段的顺序及属性变化，则必须要由用户确认，予以保存。

2. 删除已有数据

右击要删除的记录内容，在弹出的快捷菜单中选择"删除记录"选项，或单击"开始"选项卡"记录"组中的"删除"按钮，即可删除相应内容，如图 3-49 所示。

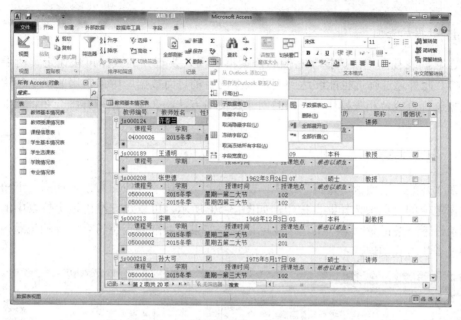

图 3-48　在主表中显示子表信息

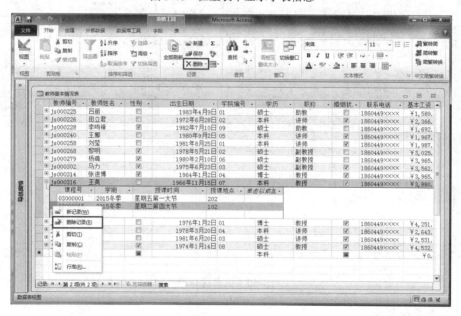

图 3-49　删除记录

3. 修改已有数据

在数据表视图中查找并选择所要修改的记录即可。实际应用过程中，常使用查询修改数据。

4. 数据的查询

在数据表视图记录选择器右侧的搜索框中输入要查找的数据可快速定位所要查找的内容，此外通过筛选也能够达到查找数据的目的。而数据库中最常用的仍是使用查询对数据进行查找及相关操作，查询的创建及使用方法将在第 4 章中详细介绍，此处不再赘述。

5. 记录选择器

在"开始"选项卡"查找"组中单击"转至"按钮，或使用数据表视图左下角的可供数据定位的"记录选择器"按钮，如图 3-50 所示，可以迅速准确地定位表中的上一条记录、下一条记录、第一条记录及尾记录。如果需要准确定位符合条件的记录，则需要通过查找方式实现。

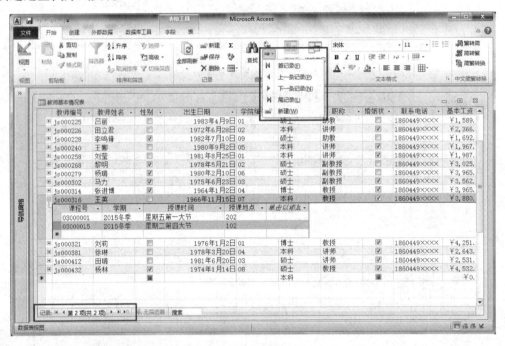

图 3-50　记录选择器

6. 查找和替换

Access 2010 具有"查找""替换"编辑功能，查找范围可以指定在一个字段内或整个数据表。

若想查找特定的记录或查找字段中的某些值，可以使用"查找"按钮，具体操作步骤如下。

1）在数据表视图中，选择要搜索的字段。

2）单击"开始"选项卡"查找"组中的"查找"按钮，打开图 3-51 所示的"查找和替换"对话框。在"查找内容"文本框中输入要查找的内容。如果不完全知道要查找的内容，可以在"查找内容"文本框中使用通配符来指定要查找的内容。

图 3-51　"查找和替换"对话框

3）如果满足条件的记录有多条，单击"查找下一个"按钮。

若想修改查找到的内容，可以使用"替换"按钮来完成，具体操作步骤如下。

1）在"替换"选项卡中，设置要输入的新内容。

2）如果要一次替换出现的全部指定内容，则单击"全部替换"按钮。如果要一次替换一个，则单击"查找下一个"按钮，然后单击"替换"按钮；如果要跳过当前找到的内容并继续查找出现的内容，则单击"查找下一个"按钮。

7. 数据的排序与筛选

（1）记录的排序

在数据表中对表中记录进行排序，可选用如下两种方法：①选择记录排序依据字段列中的随机数据，然后单击"升序"按钮或"降序"按钮；②单击字段名后的下拉按钮，在弹出的下拉列表中选择"升序"选项或"降序"选项。

例 3.5　对"教师基本情况表"中的记录按基本工资降序排列。

1）在数据表视图中打开"教师基本情况表"。

2）选择"基本工资"字段。

3）单击"降序"按钮即可，如图 3-52 所示。

（2）记录的筛选

数据表中会显示所有记录的全部内容，根据实际需要有时仅需显示一部分记录。筛选是指定条件，显示满足条件的数据，隐藏不满足条件的数据，从而可以使数据更加便于管理。

Access 2010 提供了 4 种筛选方式：按选定内容筛选、按窗体筛选、自定义筛选、高级筛选/排序。可以根据实际需求中对条件的约束，选择最方便有效的筛选方式筛选数据。

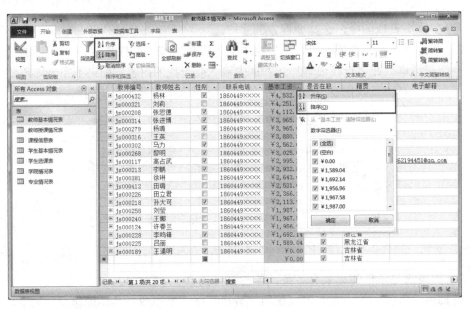

图 3-52　记录的排序

1）按选定内容筛选。在数据表中，选择要筛选的内容，即某字段值，右击，在弹出的快捷菜单中选择等于该字段值选项，窗口仅会显示出满足要求的记录内容。

例 3.6　显示"教师基本情况表"中性别为 1（男）的记录。

选择"性别"字段中值为☑的数据，或者在"选择"下拉列表中选择"是-1"选项，显示出满足要求的记录内容，筛选结果如图 3-53 所示。

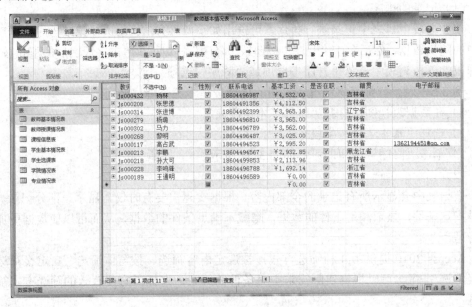

图 3-53　按内容筛选

2）按窗体筛选。在数据表视图中，打开要筛选的表，单击"开始"选项卡"排序和筛选"组中的"高级"下拉按钮，在弹出的下拉列表中选择"按窗体筛选"选项，如图 3-54 所示，转到窗体筛选窗口，在条件字段下设置条件，之后应用筛选。

例 3.7　查看"教师基本情况表"中 1980 年以后出生的男教师。

在"教师基本情况表"的窗体筛选中设置性别、出生日期条件，如图 3-55 所示，筛选结果如图 3-56 所示。

3）自定义筛选。在数据表中，在需要筛选的字段名右侧的下拉列表中，可通过筛选器进行条件筛选。

图 3-54　按窗体筛选

图 3-55　"按窗体筛选"条件设置

图 3-56　"按窗体筛选"结果

例 3.8　在"教师基本情况表"中筛选基本工资大于等于 3000 元的记录。

1）在数据表视图中打开"教师基本情况表"。

2）在"基本工资"字段名下拉列表中选择"数字筛选器"选项，如图 3-57 所示；在其级联菜单中选择"大于"选项。

图 3-57　自定义筛选

3）在打开的"自定义筛选"对话框中输入"3000"，如图 3-58 所示，单击"确定"按钮，其筛选结果如图 3-59 所示。

图 3-58　自定义筛选条件设置

	教师编号 ▾	教师姓名 ▾	性别	出生日期 ▾	学院编号 ▾	学历 ▾	职称 ▾	婚姻状▾	联系电话 ▾	基本工资 ▾	是否在耶
⊞	js000208	张思德	✓	1962年3月24日	07	硕士	教授		1860449××××	¥4,112.50	✓
⊞	js000314	张进博		1964年1月2日	04	博士	教授	✓	1860449××××	¥3,965.18	
⊞	js000316	王英		1966年11月15日	07	本科	教授		1860449××××	¥3,880.80	
⊞	js000268	黎明	✓	1978年5月21日	02	硕士	副教授	✓	1860449××××	¥3,025.00	
⊞	js000302	马力	✓	1975年6月23日	03	硕士	副教授	✓	1860449××××	¥3,562.00	
⊞	js000279	杨璐	✓	1980年2月10日	06	硕士	副教授		1860449××××	¥3,965.00	
⊞	js000321	刘莉		1976年2月1日	01	博士	教授	✓	1860449××××	¥4,251.00	
⊞	js000432	杨林	✓	1974年1月14日	08	硕士	教授	✓	1860449××××	¥4,532.00	✓
✳						本科				¥0.00	

记录：◀ ◀ 第1项(共8项) ▶ ▶ ▶◀ ✓已筛选　搜索　◀

图 3-59　自定义筛选结果

4）高级筛选/排序。在窗体筛选中按多字段筛选时，若筛选条件不唯一，且对选择出的记录在排列次序方面有要求，可以选择"高级筛选/排序"选项，将需要用于筛选记录的值或准则的字段添加到设计网格中。

高级筛选/排序需要指定较复杂的规则，可以输入由适当的标识符、运算符、通配符和数值组成的完整表达式以获得所需的结果。

如果要指定某个字段的排序次序，可单击该字段的"排序"单元格，然后单击旁边的箭头，选择相应的排序次序。Access 2010 首先排序设计网格中最左边的字段，然后排序该字段右边的字段，以此类推。在已经包含字段的"条件"单元格中可输入需要查找的值或表达式，然后选择"高级"下拉列表中的"应用筛选/排序"选项以执行筛选。

例 3.9　在"教师基本情况表"中筛选学院编号除"01"以外的基本工资≥3000 的已婚教师记录。

1）在数据表视图中打开"教师基本情况表"，然后选择"高级"下拉列表（图 3-54）中的"高级筛选/排序"选项。

2）在高级筛选/排序设置窗口设置筛选排序条件，如图 3-60 所示，应用筛选后的结果如图 3-61 所示。

8. 数据的统计

在"教师基本情况表"的数据表视图中，单击"开始"选项卡"记录"组中的"合计"按钮，表尾会出现"汇总"项，如图 3-62 所示，在需要统计的字段下方，选择需要的汇总方式，即可得到相应的汇总结果。

图 3-60 高级筛选/排序设置

图 3-61 高级筛选/排序结果

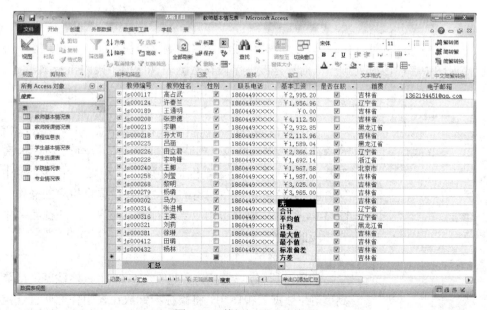

图 3-62 数据记录汇总统计

3.5.2 表格外观设置

调整表格的结构和外观是为了使表中数据记录更清楚、更美观。调整表格外观的操作包括改变字段次序、调整字段显示宽度和高度、设置数据字体、调整表中网络线样式及背景颜色、隐藏列、冻结列等。

1. 改变字段次序

在默认设置下，通常 Access 2010 显示数据表中的字段次序与它们在表或查询中出现的次序相同。但是在使用数据表视图时，往往需要移动某些列来满足查看数据的要求。此时，可以改变字段的显示次序。

例 3.10 将"教师基本情况表"中的"婚姻状况"字段调整到"出生日期"字段之后。

具体操作方法如下：打开"教师基本情况表"数据表视图，选择"婚姻状况"字段名，并将其拖动到"出生日期"字段后，如图 3-63 所示。

	教师编号	教师姓名	性别	出生日期	学院编号	学历	职称	婚姻状)	联系电话	基本工资	是否
+	js000432	杨林	✓	1974年1月14日	08	硕士	教授	✓	1860449××××	￥4,532.00	
+	js000321	刘莉		1976年1月2日	01	博士	教授		1860449××××	￥4,251.00	
+	js000208	张思德	✓	1962年3月24日	07	硕士	教授		1860449××××	￥4,112.50	
+	js000314	张进博	✓	1964年1月2日	04	硕士	教授	✓	1860449××××	￥3,965.18	
+	js000279	杨璐	✓	1980年2月10日	06	硕士	副教授		1860449××××	￥3,965.00	
+	js000316	王英		1966年11月15日	07	本科	教授	✓	1860449××××	￥3,880.80	
+	js000302	马力	✓	1975年6月23日	03	硕士	副教授	✓	1860449××××	￥3,562.00	
+	js000268	黎明	✓	1978年5月21日	02	硕士	副教授		1860449××××	￥3,025.00	
+	js000117	高占武	✓	1973年7月25日	06	本科	副教授	✓	1860449××××	￥2,995.20	
+	js000213	李鹏	✓	1968年12月3日	03	本科	副教授	✓	1860449××××	￥2,932.85	

记录：◄ 第 1 项(共 20 项) ► ►► 无筛选 搜索

图 3-63 调整字段顺序

使用这种方法，可以移动单个字段或字段组。移动数据表视图中的字段，不会改变表设计视图中字段的排列顺序，而只是改变字段在数据表视图中字段的显示顺序。

图 3-64 "其他"下拉列表

2. 调整字段显示

在表对象的数据表视图中，在查询记录过程中，常常需要对字段做包括行高、列宽、子数据表、隐藏字段、冻结字段等调整，便于有效地查看及维护数据。可以单击"记录"组中的"其他"下拉按钮，在弹出的下拉列表中选择相应的操作，如图 3-64 所示；或右击相应字段对象，在弹出的快捷菜单中选择相应的操作。

（1）调整字段行高

调整字段显示高度有两种方法：①使用鼠标调整字段显示高度。在数据表视图中，将鼠标指针放在表中任意两行选定器之间，鼠标指针变为垂直双箭头形式，拖动鼠标上下移动，即可调整行高。②打开"行高"对话框进行设置。在表中选择任意单元格，选择"记录"组"其他"下拉列表中的"行高"选项即可打开"行高"对话框，如图 3-65 所示，输入欲设置的行高数值即可完成设置。

（2）调整字段列宽

调整字段显示宽度有两种方法：①使用鼠标调整字段显示宽度。在数据表视图中，将鼠标指针放在表中任意两列选定器之间，鼠标指针变为水平双箭头形式，拖动鼠标左右移动，即可调整列宽。②打开"列宽"对话框进行设置。在表中选择任意单元格，选择"记录"组"其他"下拉列表中的"字段宽度"选项即可打开"列宽"对话框，如图 3-66 所示，输入欲设置的列宽数值即可完成设置。

图 3-65　"行高"对话框　　　　　　图 3-66　"列宽"对话框

如果在"列宽"文本框中输入"0"，则该字段列将会被隐藏。

重新设置列宽不会改变表中字段的"字段大小"属性所允许的字符数，它只是简单地改变字段列的显示宽度。

（3）隐藏列和显示列

在表对象的数据表视图中，为了便于查看表中的主要数据，可以将某些字段列暂时隐藏起来，需要时再将其显示出来。

1）隐藏列。

例 3.11　将"教师基本情况表"中的"性别"、"出生日期"、"婚姻状况"、"学院编号"及"学历"字段隐藏。

具体操作步骤如下：在"教师基本情况表"数据表视图中，同时选中"性别"、"出生日期"、"婚姻状况"、"学院编号"及"学历"字段列标题，在"记录"组"其他"下拉列表中选择"隐藏字段"选项，如图 3-67 所示，或右击选中的字段，在弹出的快捷菜单中选择"隐藏字段"选项，即可实现字段隐藏操作。

隐藏后的结果如图 3-68 所示。

2）显示列。若需要将隐藏的列重新显示出来，在图 3-67 所示的"其他"下拉列表中选择"取消隐藏字段"选项，打开"取消隐藏列"对话框，如图 3-69 所示，在其中进行选取设置即可。

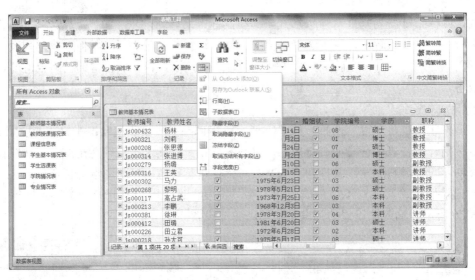

图 3-67　隐藏字段

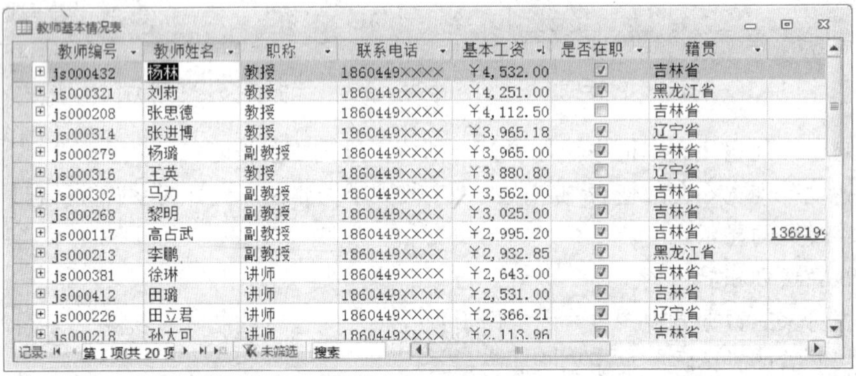

图 3-68　隐藏后的结果

图 3-69　"取消隐藏列"对话框

（4）冻结列

在实际操作中，常常需要建立比较大的数据库表，由于表过宽，数据表视图中有些关键的字段值因为水平滚动而无法看到，影响了数据的查看。Access 2010 提供的"冻结列"功能可以解决此问题。

在数据表视图中，冻结某些字段列后，无论用户怎样水平滚动窗口，这些字段总是可见的，并且总是显示在窗口的最左边。

例 3.12　冻结"教师基本情况表"中的"教师姓名"列。

在数据表视图中，选定要冻结的字段，在图 3-67 所示的"其他"下拉列表中选择"冻结字段"选项，即可看到

"教师姓名"字段出现在窗口最左边,而当滚动条向右侧移动时,"教师姓名"列始终保持显示在窗口的最左边,如图3-70所示。

图3-70 冻结列

当不再需要冻结列时,可以通过选择"其他"下拉列表中的"取消冻结所有字段"选项来取消冻结列。

3. 数据表格式设置

数据表格式设置包括表的边框与底纹、字体及对齐方式设置等,这些均可在数据表视图下的"开始"选项卡"文本格式"组中进行设置,如图3-71所示。单击右下角的"设置数据表格式"按钮,打开"设置数据表格式"对话框,如图3-72所示。当前水平方向和垂直方向都显示有网格线,网格线采用银色,背景采用白色。用户可以改变单元格的显示效果,也可以选择网格线的显示方式和颜色、表格的背景颜色等。在"单元格效果"组中选中"凸起"单选按钮或"凹陷"单选按钮后,不能再对其他选项进行设置。

图3-71 "文本格式"组

图3-72 "设置数据表格式"对话框

习题

1. 数据表由几部分构成? 分别是什么?

2. 数据表是如何设计和构建的?

3. Access 2010 中, 对数据表进行操作的视图界面有哪些? 如何切换视图? 对数据表有哪些影响?

4. 哪种创建表的方式最省时省力?

5. 哪些操作被用于降低表中的数据的出错率, 保证数据的安全性?

6. 如何建立表间关系? 什么是参照完整性规则?

7. 主键与外键的区别与联系是什么?

8. 连接属性中的内连接、左连接及右连接对关系的设置具有怎样的意义?

9. 对数据表进行筛选的方法有哪些? 怎样设置? 哪种方法适合筛选条件较多的情况?

10. 在数据表视图中, 对字段顺序进行调整会影响表结构吗? 为什么?

第4章 查询的创建与使用

在数据库操作中，很大一部分工作是对数据进行统计、计算与检索。虽然可以在数据表中进行筛选、排序、浏览等操作，但是数据表在执行数据计算及检索多个表时，就显得无能为力了。Access 2010 中的查询对象提供了强大的数据检索、数据统计和数据操作等功能。

查询是 Access 2010 数据表中的一个重要对象。查询实际上就是收集一个或几个表中用户认为有用的字段和数据的工具。查询的结果是一个数据集合，这个集合中的字段和数据可能来自一个表，也可能来自多个表。利用 Access 2010 的可视化查询工具设计可以使用多种不同的方法来查看、更改或分析数据，也可以将查询结果作为窗体和报表的数据来源，甚至是生成其他查询的基础。因此，查询的目的就是让用户根据指定的条件，对表或其他查询进行数据检索，筛选出符合条件的记录，从而满足用户对数据库进行数据管理的需求。本章将介绍 Access 2010 查询对象的基本概念、操作方法和应用方式，并讲解 SQL 的基本知识。

4.1 查询概述

任何数据库系统，不管是自动的还是人工的，其主要目的就是在数据表中保存数据，并能够在需要的时候按照一定的条件从中提取需要的信息。这里所说的查询就是按照一定的关系从 Access 2010 数据表中检索需要的数据的最主要方法。

查询是关系数据库中的一个重要概念，查询对象不是数据的集合，而是操作的集合。可以理解为查询是针对数据表中数据源的操作命令，它与表、窗体、报表、宏和模块等对象存储在同一个数据库文件中。在 Access 2010 数据库中，查询是一种统计和分析数据的工作，是对数据库中的数据进行分类、筛选、添加、删除和修改等的操作。

需要注意的是，从表面上看查询似乎是建立了一个新表，但是与表不同的是，查询本身并不存储数据，它是一个针对数据库操作的命令。每次运行查询时，Access 2010便从查询源表的数据中创建一个新的记录集，使查询中的数据能够和源表中的数据保持同步。每次打开查询就相当于重新按条件进行查询。查询可以作为结果，也可以作为来源，即查询可以根据条件从数据表中检索数据，并将结果存储起来，查询也可以作为创建表、查询、窗体或报表的数据源。

1. 查询的功能

大多数数据库系统都在不断发展，使其具有更加强大的查询工具设计，以便于执行特定的查询，即按照预期方式的不同方法来查看数据。Access 2010 的查询功能非常强大，而且提供的方式非常灵活，可以使用多种方法来实现查看不同数据的要求。在 Access 2010 中，利用查询可以实现多种功能。

（1）选择字段

在查询中，可以只选择表中的部分字段。利用此功能，可以选择一个表中的不同字段或不同表中的字段来生成所需的数据集。

（2）选择记录

在查询中，可以根据指定的条件查找所需要的记录，并显示找到的记录。

（3）实现计算

查询不仅可以找到满足条件的记录，还可以在建立查询的过程中进行各种统计计算，如执行对某个字段求平均值、求和或简单的统计字段数等计算。

（4）建立新表

在 Access 2010 中，可以从查询合成的组合数据中形成其他的数据表。查询可以建立这种基于动态集的新表。

（5）为窗体、报表和其他查询提供数据

报表或窗体中所需要的字段和数据可以是来自于从查询中建立的动态集。使用基于查询的报表或窗体时，每一次打印报表或使用窗体时，查询将对表中的当前信息进行检索。查询建立的动态集也可以作为其他查询的数据源来使用。

（6）修改表

在 Access 2010 中，可以利用查询对数据表进行追加、更新、删除等操作。

2. 查询的类型

在 Access 2010 中，按照应用目标的不同及对数据源的操作方式和操作结果的不同，查询可分为以下 5 种类型。

（1）选择查询

选择查询是最常用的一种查询类型，它是根据指定的查询条件，从一个或多个表中获取数据并显示结果，也可以使用选择查询对记录进行分组，并对记录进行总计、计数、平均及其他类型的计算。

（2）交叉表查询

交叉表查询可以计算并重新组织数据的结构，这样可以更加方便地分析数据。交叉表查询显示来源于表中某个字段的统计值（求和、平均、计数或其他类型的综合计算）。这种数据可以分为两组，一组作为行标题显示在数据表的左侧，一组作为列标题显示在数据表的顶端。

（3）参数查询

当用户需要的查询每次都要改变查询条件，而且每次都重新创建查询又比较麻烦时，就可以使用参数查询。参数查询是通过对话框提示用户输入查询条件，系统将以该条件作为查询条件，将查询结果按指定的形式显示出来。输入不同的值，得到不同的结果，因此参数查询可以提高查询的灵活性。

（4）操作查询

操作查询是在一个操作中可以更改多条记录的查询。操作查询的建立，大部分是以选择查询为基础，先选择操作查询的类型，然后挑选某些符合条件的数据，批量执行某些操作。

操作查询分为以下4种类型。

1）删除查询：从一个或多个数据表中删除一组满足条件的记录。

2）更新查询：对一个或多个表中的一组记录做全局的更改。

3）追加查询：将查询产生的结果追加到一个表或多个表的尾部。

4）生成表查询：从一个或多个表中的全部或部分数据中创建一个新表。

（5）SQL查询

SQL查询是使用命令语句创建的查询，这些命令必须写在SQL视图中（SQL查询不能使用设计视图）。

在Access 2010中，查询的实现可以通过两种方式进行，一种是在数据库中建立查询对象，另一种是在VBA程序代码中使用SQL。

4.2　使用查询向导创建查询

Access 2010提供了多种向导以方便查询的创建，使用向导可以快捷地建立所需要的查询。常用的查询向导有简单查询向导、交叉表查询向导、查找重复项查询向导、查找不匹配项查询向导。

4.2.1　简单查询向导

在Access 2010中可以利用简单查询向导创建查询，可以在一个或多个表（或其他查询）指定的字段中检索数据。而且，通过向导也可以对记录组或全部记录进行总计、计数及求平均值的运算，还可以计算字段中的最大值和最小值。

例4.1　创建"教师基本信息查询"。

要求：以"教师基本情况表"为数据源，利用简单查询向导创建一个名为"教师基本信息查询"的查询，在查询结果中要求包含"jsxm""xb""csrq""xl""zc"字段，查询结果如图4-1所示。

图 4-1　教师基本信息查询

具体操作步骤如下。

1）单击"创建"选项卡"查询"组中的"查询向导"按钮，打开图 4-2 所示的"新建查询"对话框。

2）在"新建查询"对话框中，选择"简单查询向导"选项，然后单击"确定"按钮，打开图 4-3 所示的"简单查询向导"对话框。

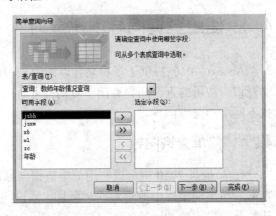

图 4-2　"新建查询"对话框　　　　　　图 4-3　"简单查询向导"对话框

3）在"表/查询"下拉列表中选择"表：教师基本情况表"选项，然后选择查询中要使用的字段。在"可用字段"列表框中双击要使用的字段名，或者选中"可用字段"列表框中的字段名，然后单击  按钮，将其添加到右侧的"选定字段"列表框中，如图 4-4 所示。

4）单击"下一步"按钮，在打开的对话框中有两种选择——"明细（显示每个记录的每个字段）"和"汇总"，选中"明细（显示每个记录的每个字段）"单选按钮，如图4-5所示，然后单击"下一步"按钮。

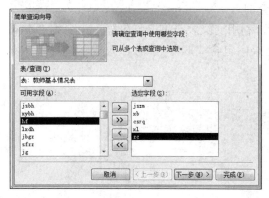 

图 4-4　确定查询中使用的字段　　　　　图 4-5　确定查询采用明细查询

5）在打开的对话框中指定查询的标题，输入查询名，还可以选择完成向导后要做的工作，有"打开查询查看信息"和"修改查询设计"两个选项可以选择，如图4-6所示。

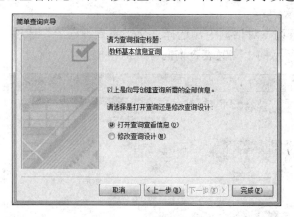

图 4-6　指定查询标题

6）单击"完成"按钮，系统向导将自动以指定的标题为名，将该查询保存在查询对象列表中，并以数据表的形式显示该查询的结果。

从 Access 2010 窗口左侧的导航窗格中选择查询对象，在查询列表中选择创建的查询并右击，在弹出的快捷菜单中选择"打开"选项，即可执行查询，并得到查询结果；选择"设计视图"选项，即可打开查询的设计视图，对查询进行修改。

4.2.2　交叉表查询向导

交叉表查询是以水平方式和垂直方式对记录进行分组，并计算和重构数据，可以简化数据分析。交叉表查询可以计算数据总和、计数、平均值或完成其他类型的综合计算。使用向导创建交叉表查询，可以在一个数据表中以行标题将数据组成群组，按列标题来分别求得所需汇总的数据，然后在数据表中以表格的形式显示出来。

例 4.2 创建"不同职称教师学历统计查询"。

要求：以"教师基本情况表"为数据源，利用交叉表查询向导创建一个名为"不同职称教师学历统计查询"的查询，在查询结果中包含"职称""总计人数""本科""博士""硕士"字段，查询结果如图 4-7 所示。

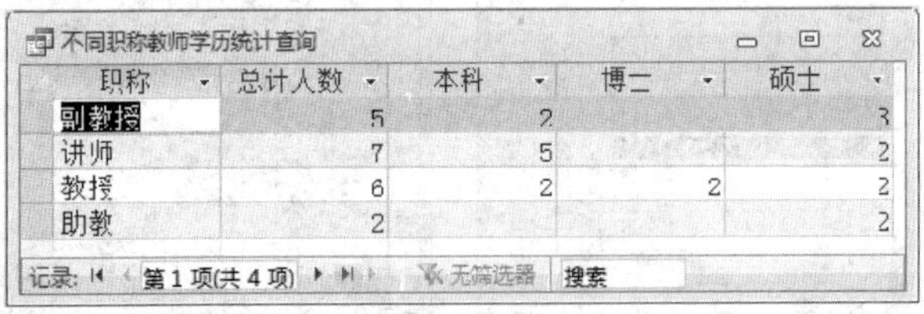

职称	总计人数	本科	博二	硕士
副教授	5	2		3
讲师	7	5		2
教授	6	2	2	2
助教	2			2

记录: ｜ ◀ 第1项(共4项) ▶ ｜ 无筛选器 搜索

图 4-7 不同职称教师学历统计查询

具体操作步骤如下。

1）单击"创建"选项卡"查询"组中的"查询向导"按钮，打开"新建查询"对话框，如图 4-2 所示。

2）在"新建查询"对话框中，选择"交叉表查询向导"选项，然后单击"确定"按钮，打开图 4-8 所示的"交叉表查询向导"对话框。

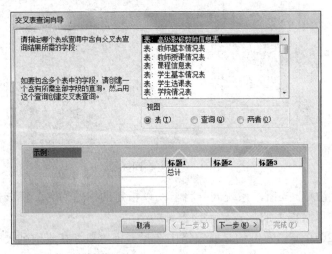

图 4-8 "交叉表查询向导"对话框

3）在"视图"组中选择用于交叉表查询所使用的视图，这里选择"表"视图。在"请指定哪个表或查询中含有交叉表查询结果所需的字段"列表框中，选择需要使用的表或查询，这里选择"表：教师基本情况表"选项。

4）单击"下一步"按钮，在打开的对话框中，将"可用字段"列表框中选择"zc"字段添加到"选定字段"列表框作为交叉表中要用的行标题，如图 4-9 所示。

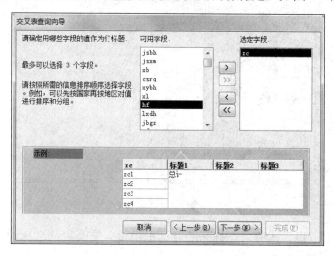

图 4-9　确定行标题

5）单击"下一步"按钮，在打开的对话框中选择"xl"字段作为列标题，如图 4-10 所示。

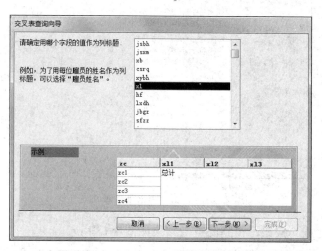

图 4-10　确定列标题

6）单击"下一步"按钮，在打开的对话框中的"字段"列表框中选择"jsbh"字段，在"函数"列表框中选择"Count"（计数函数）函数，如图 4-11 所示。"函数"列表框中列出了 5 种可以提供计算的函数，用户只要从中选择需要的函数，Access 2010 就可以自动按选择的函数计算交叉点的数据（注意：所选字段的数据类型不同，"函数"列表框中所显示的函数个数会有所不同）。

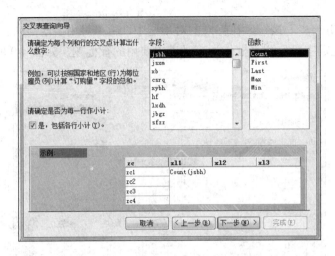

图 4-11　确定字段的计算类型

7）单击"下一步"按钮，在打开的对话框中输入交叉表的名称"不同职称教师学历统计查询"，如图 4-12 所示。

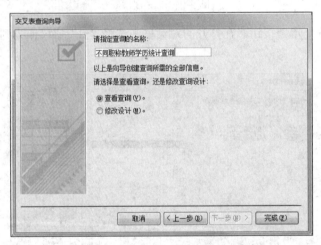

图 4-12　为查询指定文件名

8）单击"完成"按钮，得到的查询结果如图 4-13 所示。

图 4-13　交叉表查询结果

9）查询结果中"总计"字段的名称为"总计 jsbh"，这样的字段名称通常需要进一步地修改。因此，建立交叉表后，再打开查询设计视图，在设计网格中修改字段名称为"总计人数"，如图 4-14 所示。

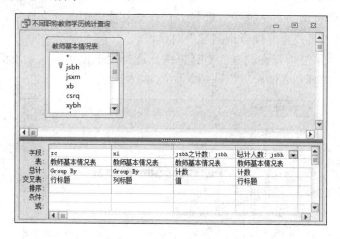

图 4-14　修改交叉表的字段名称

10）修改完字段名称以后，单击"保存"按钮，然后单击"查询工具-设计"选项卡"结果"组中的"运行"按钮，就可查看到运行结果。

从该交叉表中，可以看出交叉表主要分为 3 部分：行标题、列标题和交叉点，其中行标题是在交叉表左边出现的字段，列标题是在交叉表上面出现的字段，而交叉点则是行、列标题交叉的数据点。

4.2.3　查找重复项查询向导

根据查找重复项查询向导的查询结果，可以确定表中是否有重复的记录，或记录在表中是否共享相同的值。

例 4.3　创建"统计相同职称人数"查询。

要求：以"教师基本情况表"为数据源，利用查找重复项查询向导创建一个名为"统计相同职称人数"的查询，查询结果如图 4-15 所示。

图 4-15　"统计相同职称人数"查询

具体操作步骤如下。

1）单击"创建"选项卡"查询"组中的"查询向导"按钮，打开"新建查询"对话框，如图 4-2 所示。

2）在"新建查询"对话框中，选择"查找重复项查询向导"选项，然后单击"确定"按钮，打开"查找重复项查询向导"对话框。

3）在"查找重复项查询向导"对话框中，选择用于搜寻重复字段值的表或查询，这里选择"表：教师基本情况表"选项，如图 4-16 所示。

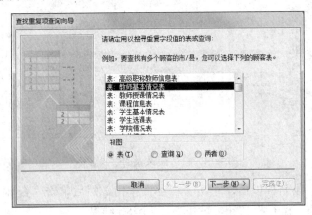

图 4-16　确定搜寻重复字段的表

4）单击"下一步"按钮，在打开的对话框中选择可能包含重复信息的字段，这里选择"zc"字段，如图 4-17 所示。

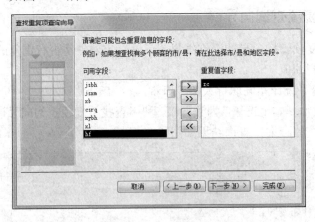

图 4-17　确定重复值字段

5）单击"下一步"按钮，在打开的对话框中确定查询是否显示带有重复值的字段之外的其他字段，这里不选择其他字段，如图 4-18 所示。

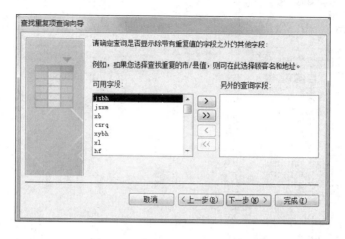

图 4-18 确定是否显示其他字段

6）单击"下一步"按钮，在打开的对话框中，可以选择是查看结果还是修改设计，并输入查询名称"统计相同职称人数"，如图 4-19 所示。

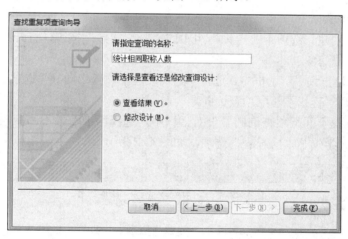

图 4-19 指定查询的名称

7）单击"完成"按钮，完成查询的创建，查询结果如图 4-15 所示，可以看到不同的职称分别有多少人。

4.2.4 查找不匹配项查询向导

使用查找不匹配项查询向导可以在一个表中查找与另一个表中没有相关记录的记录。

例 4.4 创建"未选课学生信息查询"。

要求：以"学生基本情况表""学生选课表"为数据源，利用查找不匹配项查询向导查询所有未选课的学生信息，查询名称为"未选课学生信息查询"，在查询结果中包含“xsh”“xsxm”“xb”“xybh”“zybh”字段，查询后的结果如图 4-20 所示。

未选课学生信息查询

学生号	学生姓名	性别	学院编号	专业编号
201501110203	朱世增	☑	01	11
201501120101	赵绮丽	☐	01	12
201501130203	林欣福	☑	01	13
201501130306	王一	☐	01	13
201506610104	吴雨霏	☐	06	61
201501110102	刘楠	☑	01	11
201501110221	马琳琳	☐	01	11
201501120110	李敏	☐	01	12
201501130114	徐燕	☐	01	13
201502210101	刘明	☑	02	21
201502220211	刘宇	☑	02	22
201505510108	王天宇	☑	05	51
201505510112	王义夫	☑	05	51
201506610106	刘铭	☑	06	61
201506610125	万古丽	☐	06	61
201506620109	徐威	☑	06	62
201506620121	王明宇	☑	06	62

记录: 第 1 项(共 17 项 无筛选器 搜索

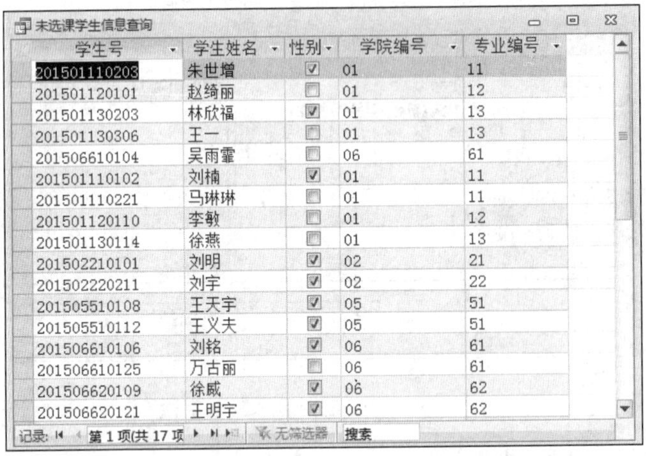

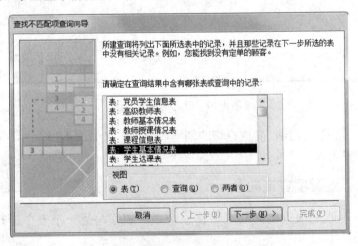

图 4-20　未选课学生信息查询

具体操作步骤如下。

1）单击“创建”选项卡“查询”组中的“查询向导”按钮，打开“新建查询”对话框，如图 4-2 所示。

2）在“新建查询”对话框中，选择“查找不匹配项查询向导”选项，然后单击“确定”按钮，打开“查找不匹配项查询向导”对话框。

3）在“查找不匹配项查询向导”对话框中，选择用于搜寻不匹配项的表或查询，这里选择“表：学生基本情况表”选项，如图 4-21 所示。

图 4-21　确定查询结果所使用的表

4）单击“下一步”按钮，选择哪个表或查询包含相关记录，这里选择“表：学生选课表"选项，如图 4-22 所示。

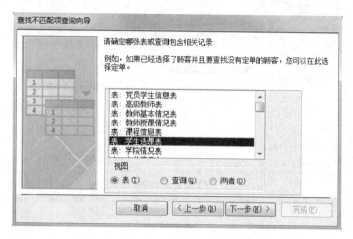

图 4-22 确定包含相关记录的表

5）单击"下一步"按钮，在打开的对话框中确定两个表中都有的信息，如两个表中都有"xsh"字段，如图 4-23 所示。

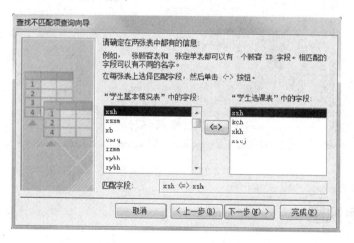

图 4-23 确定两个表共有信息

6）在两个表中选择匹配的字段，然后单击 ⟨=⟩ 按钮。

7）单击"下一步"按钮，在打开的对话框中选择查询结果中所需的字段，如图 4-24 所示。

8）单击"下一步"按钮，在打开的对话框中输入查询名称"未选课学生信息查询"，选择需要的选项，如图 4-25 所示。单击"完成"按钮，完成查询的创建，查询出不匹配项的结果如图 4-20 所示。

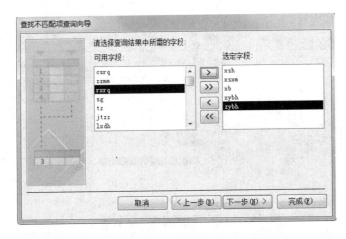

图 4-24　选择查询结果所需的字段

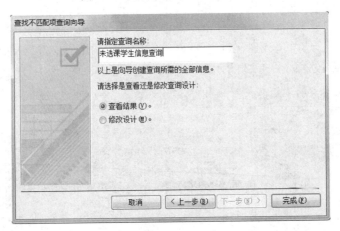

图 4-25　指定查询名称

4.3　查询视图

Access 2010 的查询有 3 种常用的视图模式：数据表视图、设计视图和 SQL 视图。用户可以使用这 3 种不同的视图方式查看、修改或创建相应的查询文件，以满足对查询进行各种操作的需要。

1．数据表视图

数据表视图主要用于在行和列格式下显示表、查询及窗体中的数据。如图 4-26 所示，这是"副教授信息查询"运行结果以数据表视图方式显示的结果，该查询是从记录教师所有信息的表中选出职称为"副教授"的教师信息。

图 4-26　查询的数据表视图

用数据表视图显示查询结果的方法是：在 Access 2010 应用程序窗口中，选择左侧导航窗格中"所有 Access 对象"下拉列表中的"查询"选项，如图 4-27 所示。在查询列表中双击要打开的查询名称，则查询的数据表视图即被打开，如图 4-28 所示。

图 4-27　选择查询

图 4-28　打开的查询

用户可以通过这种方式进行打开查询、查看信息、更改数据、追加记录和删除记录等操作。

2. 设计视图

设计视图是设计查询的窗口，包含了创建查询所需的各个组件。用户只需在各个组件中设置一定的内容就可以创建一个查询。查询设计窗口分为上下两部分，上部分为表/查询的字段列表，显示添加到查询中的数据表或查询的字段列表；下部分为查询设计区，可定义查询的字段、确定条件、限制查询的结果等；中间是可以调节的分割线；标题栏显示了查询名称和查询类型，如图 4-29 所示。

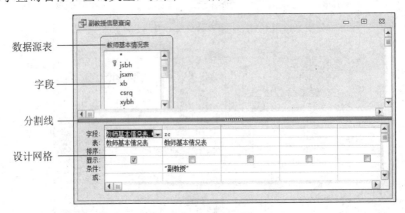

图 4-29　查询设计窗口

在查询设计网格中，可以详细设置查询的各项内容，具体内容如下。

（1）字段

查询中要包括的字段。该字段可以取自一个表的字段、一个查询中的字段或分别从不同的表和查询中选取所需要的字段。每个查询至少包含一个字段。如果与字段对应的"显示"行复选框被选中，则表示该字段将显示在查询结果中。

（2）表

表是指查询中所选的字段来自于哪个表或查询，它是查询中的数据来源。

（3）排序

"排序"行可指定查询结果是否进行排序。排序方式包括升序、降序和不排序 3 种。

（4）条件

"条件"行指定用户从数据中查找出满足一定要求的数据时，需要设置查询的条件。

当打开查询设计窗口后，功能区中会出现"查询工具-设计"选项卡，该选项卡中包含了许多按钮，可以帮助用户方便、快捷地进行查询的操作，如图 4-30 所示。

图 4-30 "查询工具-设计"选项卡

"查询工具-设计"选项卡中各按钮的功能如表 4-1 所示。

表 4-1 "查询工具-设计"选项卡中各按钮的图标及其作用

按钮图标	作用	按钮图标	作用
视图	单击此下拉按钮,可弹出其下拉列表,用于切换不同的视图	显示表	打开"显示表"对话框,用来在查询中添加更多的数据源(表或查询)
运行	运行查询文件	插入行	在设计视图的网格中插入一行
选择	创建选择性查询	删除行	在设计视图的网格中删除一行
生成表	创建生成表查询	生成器	打开"表达式生成器"对话框
追加	创建追加查询	插入列	在设计视图的网格中插入一列
更新	创建更新查询	删除列	在设计视图的网格中删除一列
交叉表	创建交叉表查询	返回: All	设置查询结果显示指定记录数、记录百分数或所有值
删除	创建删除查询	Σ 汇总	在查询设计网格中显示具有统计功能的"总计"行
⊙⊙ 联合	创建联合查询	参数	打开"查询参数"对话框
● 传递	创建传递查询	属性表	打开对象的"属性表"窗格设置其属性
数据定义	创建数据定义查询	表名称	设置查询设计网格中是否显示数据源的"表"名称行

3. SQL 视图

用户可以使用查询设计视图创建和查看查询,但并不能与查询代码进行直接交互。Access 2010 能将设计视图中的查询转换成 SQL 语句。SQL 是通用的标准化查询语言,用户可以使用它来编写查询、操作数据、进行数据库管理等操作。关于 SQL 将在后续章节中介绍,这里不再详细说明。当用户在设计视图中创建查询时,Access 2010 在 SQL 视图中自动创建与查询对应的 SQL 语句,用户可以在 SQL 视图中查看或改变 SQL 语句,进而改变查询。

　　用户可以单击"查询工具–设计"选项卡"结果"组中的"视图"下拉按钮，在弹出的下拉列表中选择"SQL 视图"选项，打开图 4-31 所示的查询 SQL 视图。

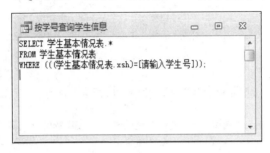

图 4-31　查询 SQL 视图

4.4　使用查询设计视图创建查询

　　在创建查询的过程中，虽然使用查询向导也可以创建一些查询，但实现的功能很有限，有时需要设计更加复杂的查询，以满足实际功能的需要。查询设计视图功能强大，应用它不仅可以重新设计一个查询，还可以对一个已有的查询进行编辑和修改。

4.4.1　查询的编辑与运行

　　利用查询设计视图可以为查询添加一个或多个数据源，也可以在查询的设计过程中删除数据源，并且在查询的设计视图中方便地添加和删除字段、更改字段、插入和删除条件、排序记录、显示和隐藏字段等，在查询设计完成后要运行查询，以查看查询的运行结果，并校验查询设计是否正确。

　　1．向查询中添加表或查询

　　当打开查询设计视图建立查询时，首先要添加数据源。查询的数据源可以是数据表，也可以是已经建立的查询；如果是修改已经建立的查询，当前查询设计视图中显示的表或查询还不能满足所要建立的查询的需要，则也需要再添加新的表或查询作为数据源来使用。具体操作步骤如下。

　　单击"创建"选项卡"查询"组中的"查询设计"按钮打开查询设计视图，同时打开图 4-32 所示的"显示表"对话框，在对话框中依次选择需要添加的表和查询。如果是对已经建立的查询添加数据源，则打开查询设计视图后，单击"查询工具–设计"选项卡"查询设置"组中的"显示表"按钮，也可打开该对话框。添加完毕后，单击"关闭"按钮关闭"显示表"对话框。添加完数据源后的查询设计视图如图 4-33 所示。

图 4-32　"显示表"对话框

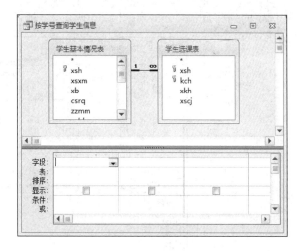

图 4-33　添加完数据源后的查询设计视图

2. 在查询设计视图中建立多个表或查询的关联关系

如果当前查询中包含了多个表，表与表之间应该建立连接，否则设计完成的查询将按完全连接生成查询结果。在添加表或查询的时候，如果所添加的表或查询之间已经建立了关系，则在添加表或查询的同时也添加新的连接。

要建立表或查询间的连接，可以在查询设计视图中从表或查询的字段列表中将一个字段拖动到另一个表或查询字段列表的相同字段上，即具有相同或兼容的数据类型且包含相似数据的字段，该方法与前面所讲的建立表和表之间的关联关系的方法一致。用这种方式进行连接，只有当连接字段的值相等时，Access 2010 才会从两个表或查询中选取记录。

3. 从查询中删除表或查询

如果当前查询中的某个表或查询已经不再需要，可以将其从查询中删除。如果要删除当前查询中不再需要的数据源，首先在查询设计视图中打开查询，然后在查询设计图示窗口上部选择要删除的表或查询，按【Delete】键，完成删除。或者在选中的表的标题栏上右击，在弹出的快捷菜单中选择"删除表"选项，如图 4-34 所示。

4. 在查询设计视图中操作字段

在查询设计视图中可以方便地添加和删除字段，或更改字段、插入和删除准则、排序记录、显示和隐藏字段等。

（1）添加和删除字段

要在设计网格中添加字段，可以从字段列表中将这个字段拖动到设计网格的列中，或者双击字段列表中的字段名。要删除设计网格中的字段，可以单击列选定器选定该列，被选定的列将反色显示，如图 4-35 所示，然后按【Delete】键。

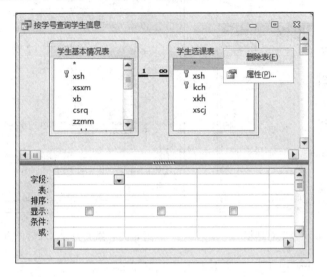

图 4-34 删除表

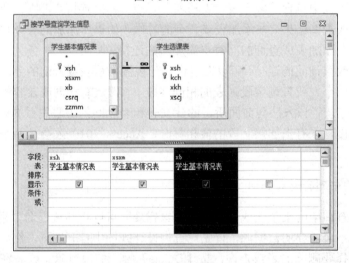

图 4-35 选定删除列

（2）移动查询设计网格中的字段

查询设计网格中字段的排列顺序与查询结果记录的排列顺序无关，但是可以通过移动设计网格中的字段，改变生成的最终查询中字段的排列顺序。如果要移动字段，首先单击相应字段的列选定器，然后拖动到目标位置；也可以在需要移动的列的列选定器上右击，在弹出的快捷菜单中选择"剪切"选项，然后在目标位置上右击，在弹出的快捷菜单中选择"粘贴"选项。

（3）在查询中更改字段名

将查询的源数据表或查询的字段拖放到设计网格中以后，查询自动将源数据表或查询的字段名称作为查询结果中要显示的字段名。为了更准确地说明字段中的数据，可以改变这些字段的名称。在查询的设计网格中更改字段名，将仅改变查询数据表视图中的标题名称，源数据表中的字段名不会改变。

（4）在查询中插入或删除条件行

在查询设计视图中插入一个条件行，可以选择要插入新行下方的行，然后单击"查询工具-设计"选项卡"查询"组中的"插入行"按钮。要删除条件行，单击相应行的任意位置，然后单击"查询工具-设计"选项卡"查询"组中的"删除行"按钮。

（5）在查询中添加和删除条件

在查询中可以通过使用条件来检索满足特定条件的记录。在设计视图中可以完成条件的添加和删除。

为查询添加条件的操作步骤如下。

1）在查询设计视图中打开查询。

2）单击要设置条件的字段的"条件"单元格。

3）直接输入或使用"表达式生成器"输入条件表达式。如果要打开"表达式生成器"对话框，单击"查询工具-设计"选项卡"查询设置"组中的"生成器"按钮即可，如图 4-36 所示。如果要在相同字段或在其他字段中输入另一个表达式，将光标移动到适当的"条件"单元格中并输入表达式即可。

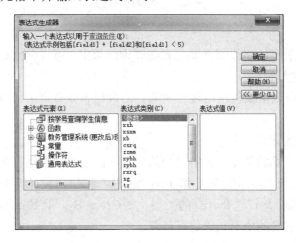

图4-36　"表达式生成器"对话框

（6）在查询设计网格中更改列宽

如果查询的设计视图中设计网格的列宽不足以显示相应内容，可以调整列宽满足要求。首先将鼠标指针移动到要更改列宽的列选定器的右边框，使指针变成双向箭头，向左拖动边框使列变窄，反之变宽。双击可以调整列宽为设计网格中可见输入项的最大宽度。

（7）使用查询设计网格排序记录

使用查询设计视图所设计的查询，如果未指定排序依据，在查询运行时记录并不进行排序，如果需要使记录以某种顺序排列，必须明确指定排序顺序。

在要排序的每个字段的"排序"单元格中选择所需的选项即可，如图 4-37 所示。可在数据表视图中查看排序结果。

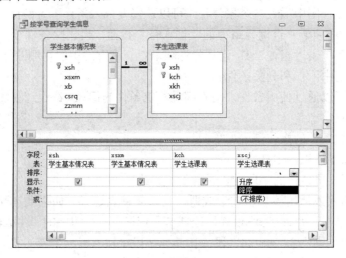

图 4-37 选择排序方式

（8）使用星号

如果某个表中所有的字段都需要包含在查询结果中，可以分别选择每个字段，也可以使用星号（*）通配符。

使用星号后，查询结果将自动包含所选择的数据表或查询中的所有字段，并自动排除已经删除的字段。

（9）对字段进行计算

可以通过指定计算的类型，对字段中的值求和或使用数据进行其他计算。单击"查询工具-设计"选项卡"显示/隐藏"组中的"汇总"按钮，设计器网格中就会出现"总计"行，然后在"总计"行选择计算的类型，如 Group By、计数或平均值等（图 4-38），对设计网格中相应字段的所有记录进行计算。

（10）控制查询中显示的记录数

可以在查询的数据表中只显示字段值在某个上限或下限之间的记录，或者是只显示总记录中最大或最小百分比数量的记录。

控制显示记录的具体操作步骤如下。

1）在设计网格中，添加希望在查询结果中显示的字段，包括要显示上限值的字段。

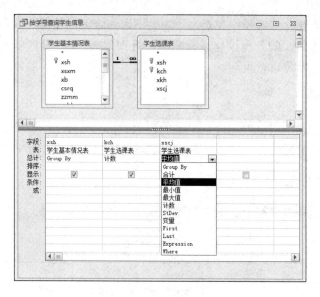

图 4-38　指定计算类型

2）在要显示最大值字段的"排序"单元格中，选择"降序"选项以显示上限值，或选择"升序"选项以显示下限值。如果在查询的设计网格中还要对其他的字段进行排序，这些字段则必须在上限值字段的右边。

在"查询工具-设计"选项卡"查询设置"组中的"返回"下拉列表框中选择或输入希望在查询结果中显示的上限值或下限值的数目或百分比，如图 4-39 所示。

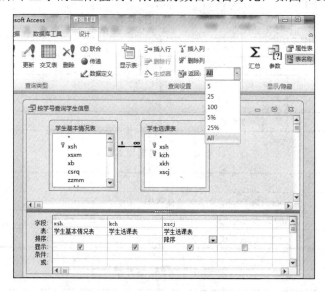

图 4-39　设置记录的上下限

在查询设计视图下将需要操作的所有内容都设置完成后，必须运行查询查看查询结果，尤其对于后面要介绍的操作类查询，如果不运行查询，是得不到最后的结果的，因此运行查询是必不可少的一步操作。只需在"查询工具-设计"选项卡"结果"组中单击"运行"按钮，即可运行查询。

4.4.2 查询条件

条件是指在查询中用来限制检索记录的表达式，它是算术运算符、逻辑运算符、常量、字段值和函数等的组合。通过条件可以过滤掉很多不需要的数据。

1. 简单条件表达式

简单条件表达式有字符型、数字型和表示空字段值的条件表达式，如表 4-2 所示。

表 4-2　简单条件表达式

表达式类型	条件	功能
字符型	"电冰箱"	表示字段值等于"电冰箱"的字符串
数字型	1600	表示字段值等于数字 1600
空字段值	Is Null	表示为空白的字段值
	Is Not Null	表示不为空白的字段值

2. 操作符

操作符主要有比较操作符、字符运算符和逻辑运算符，如表 4-3～表 4-5 所示。

表 4-3　比较操作符

运算符	含义	运算符	含义
>	大于	<=	小于等于
>=	大于等于	<>	不等于
<	小于	=	等于
Between…And	在两者之间		

表 4-4　字符运算符

运算符	说明
Not	当 Not 连接的表达式为真时，整个表达式为假
And	当 And 连接的表达式都为真时，整个表达式为真，否则为假
Or	当 Or 连接的表达式有一个为真时，整个表达式为真，否则为假

表 4-5　逻辑运算符

运算符	形式	含义
And	<表达式 1> And<表达式 2>	限制字段值必须同时满足<表达式 1>和<表达式 2>

续表

运算符	形式	含义
Or	<表达式 1> Or <表达式 2>	限制字段值只要满足<表达式 1>和<表达式 2>中的一个即可
Not	Not<表达式>	限制字段值不能满足<表达式>的条件

3. 函数

Access 2010 提供了大量的标准函数，如数值函数、字符函数、日期/时间函数和统计函数等。利用这些函数可以更好地构造查询准则，也为用户更准确地进行统计计算、实现数据处理提供了有效的方法。表 4-6～表 4-9 分别给出了 4 种类型常用函数的说明。

表 4-6　数值函数

函数	说明
Abs(数值表达式)	返回数值表达式值的绝对值
Int(数值表达式)	返回数值表达式值的整数部分
Srq(数值表达式)	返回数值表达式值的平方根
Sgn(数值表达式)	返回数值表达式的符号值。当数值表达式值大于 0 时返回值为 1；当数值表达式值等于 0 时返回值为 0；当数值表达式值小于 0 时返回值为-1

表 4-7　字符函数

函数	说明
Space(数值表达式)	返回由数值表达式的值确定的空格个数组成的空字符串
String(数值表达式,字符表达式)	返回由字符表达式的第 1 个字符重复组成的长度为数值表达式值的字符串
Left(字符表达式,数值表达式)	返回从字符表达式左侧第 1 个字符开始长度为数值表达式值的字符串
Right(字符表达式,数值表达式)	返回从字符表达式右侧第 1 个字符开始长度为数值表达式值的字符串
Len(字符表达式)	返回字符表达式的字符个数
Mid(字符表达式,数值表达式 1 [,数值表达式 2])	返回从字符表达式中第 1 个数值表达式字符开始,长度为第 2 个数值表达式的字符串。数值表达式 2 可以省略，若省略则表示从第 1 个数值表达式字符开始直到最后一个字符为止

表 4-8　日期/时间函数

函数	说明
Day(date)	返回给定日期 1～31 的值，表示给定日期是一个月中的哪一天
Month(date)	返回给定日期 1～12 的值，表示给定日期是一年中的哪个月
Year(date)	返回给定日期 100～9999 的值，表示给定日期是哪一年
Weekday(date)	返回给定日期 1～7 的值，表示给定日期是一周中的哪一天
Hour(date)	返回给定小时 0～23 的值，表示给定时间是一天中的哪个钟点
Date()	返回当前的系统日期

表 4-9　统计函数

函数	说明
Sum(字符表达式)	返回字符表达式中值的总和。字符表达式可以是一个字段名，也可以是一个含字段名的表达式，但所含字段应该是数字数据类型的字段
Avg(字符表达式)	返回字符表达式中值的平均值。字符表达式可以是一个字段名，也可以是一个含字段名的表达式，但所含字段应该是数字数据类型的字段
Count(字符表达式)	返回字符表达式中值的个数。字符表达式可以是一个字段名，也可以是一个含字段名的表达式，但所含字段应该是数字数据类型的字段
Max(字符表达式)	返回字符表达式中值的最大值。字符表达式可以是一个字段名，也可以是一个含字段名的表达式，但所含字段应该是数字数据类型的字段
Min(字符表达式)	返回字符表达式中值的最小值。字符表达式可以是一个字段名，也可以是一个含字段名的表达式，但所含字段应该是数字数据类型的字段

在 Access 2010 中建立查询时，经常会使用文本值作为查询的准则，表 4-10 给出了以文本值作为准则的示例和功能说明。

表 4-10　使用文本值作为准则示例

字段名称	准则	功能
客户姓名	"张磊"	查询客户姓名为张磊的记录
生产厂家	Like "青岛*"	查询生产厂家中以"青岛"开头的记录
生产厂家	Not "青岛海尔集团"	查询所有生产厂家中不是青岛海尔集团的记录
客户姓名	In("张磊","王洪飞") 或"张磊" Or "王洪飞"	查询姓名为张磊或王洪飞的客户记录
经手人姓名	Left([姓名],1)="赵"	查询所有姓赵的经手人记录
客户号	Mid([客户号],3,2)="02"	查询客户号第 3 位和第 4 位为 02 的记录

在 Access 2010 中建立查询时，有时需要以计算或处理日期所得到的结果作为准则，表 4-11 列举了一些应用示例和功能说明。

表 4-11　使用处理日期结果作为准则示例

字段名称	准则	功能
订货时间	Between #2006-1-1# And #2006-12-31# 或 Year([订货时间])=2006	查询 2006 年的订货记录
订货时间	Month([订货时间])=Month(Date())	查询本月的订货记录
订货时间	Year([订货时间])=2007 And Month([订货时间])=3	查询 2007 年 3 月订货的记录
需要时间	>Date()-30	查询 30 天内需要付货的记录

4.4.3　创建选择查询

选择查询是 Access 2010 中最常见、最重要的一种，它从一个或多个数据源中根据条件检索数据。它的优点在于能将一个或多个数据源中的数据集合在一起。选择查询不仅可以完成数据的筛选、排序等操作，而且具有计算功能、汇总统计功能及接收外部参数的功能，即计算查询和参数查询。同时，选择查询还是创建其他类型查询的基础。本节将通过示例介绍如何创建简单或复杂的选择查询。

1. 创建基于一个数据源的简单选择查询

例 4.5 创建"学生党员信息查询"。

要求：以"学生基本情况表"为数据源，利用查询设计视图创建一个名为"学生党员信息查询"的查询，完成后的查询结果如图 4-40 所示。

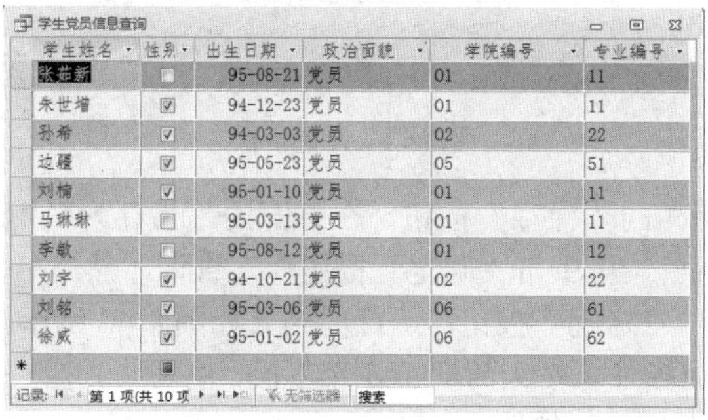

图 4-40　学生党员信息查询

具体操作步骤如下。

1）单击"创建"选项卡"查询"组中的"查询设计"按钮，打开"显示表"对话框，同时显示查询设计视图。

2）在"显示表"对话框中，选择"表"选项卡，然后选择"学生基本情况表"选项，单击"添加"按钮，然后单击"关闭"按钮关闭"显示表"对话框。

3）依次双击"学生基本情况表"中的"xsxm""xb""csrq""zzmm""xybh""zybh"字段，将它们添加到设计网格的字段行中，如图 4-41 所示。

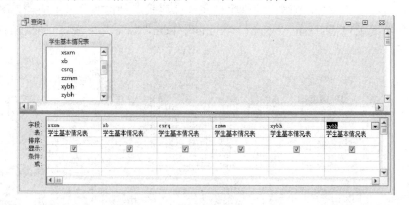

图 4-41　选择字段添加到设计网格

4）将光标定位在设计网格"zzmm"字段列的"条件"单元格内，输入"党员""，如图4-42所示。

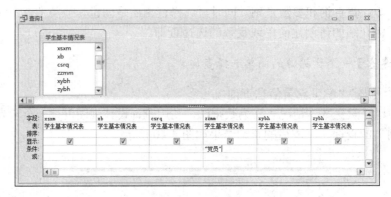

图4-42 设置条件

5）单击窗口左上角的"保存"按钮，在打开的"另存为"对话框中输入查询的名称"学生党员信息查询"，再单击"确定"按钮保存查询，然后单击"查询工具-设计"选项卡"结果"组中的"运行"按钮，运行的结果如图4-40所示。

注意：不同类型的条件表达式的表示方式不同，书写查询条件时应根据需要使用一定类型的表达式或是相应的运算符。

2. 创建基于多个数据源的选择查询

通常情况下，在建立查询时，根据所要解决问题的不同，可能需要从多个不同的数据表或查询中抽取需要的字段组成新的查询结果。在这种情况下，就需要建立多数据源的查询文件。

例4.6 创建"中等成绩学生信息查询"。

要求：以"学生基本情况表""学院情况表""学生选课表""课程信息表"为数据源，利用查询设计器创建一个名为"中等成绩学生信息查询"的查询，在查询结果中要求显示学生成绩在60～85范围内的学生信息，并要求记录按照"学生成绩"降序排列，在查询结果中要求包括"xsh""xsxm""xymc""kcm""xscj"字段，完成后的查询结果如图4-43所示。

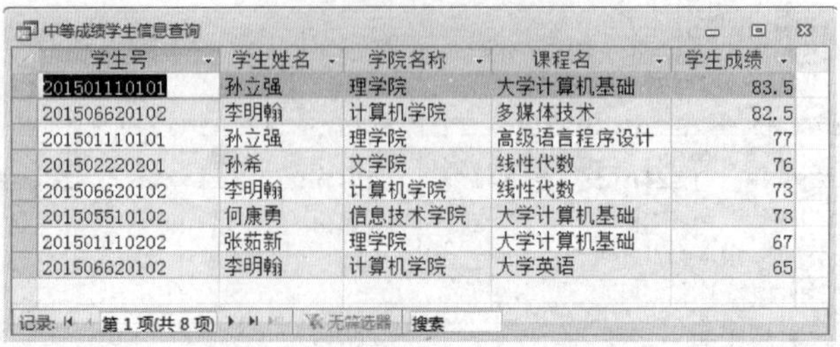

学生号	学生姓名	学院名称	课程名	学生成绩
201501110101	孙立强	理学院	大学计算机基础	83.5
201506620102	李明翰	计算机学院	多媒体技术	82.5
201501110101	孙立强	理学院	高级语言程序设计	77
201502220201	孙希	文学院	线性代数	76
201506620102	李明翰	计算机学院	线性代数	73
201505510102	何康勇	信息技术学院	大学计算机基础	73
201501110202	张荔新	理学院	大学计算机基础	67
201506620102	李明翰	计算机学院	大学英语	65

记录：◀ 第1项(共8项) ▶ ▶ ▼ 无筛选器 搜索

图4-43 中等成绩学生信息查询

具体操作步骤如下。

1）单击"创建"选项卡"查询"组中的"查询设计"按钮，打开"显示表"对话框，同时显示查询设计视图。

2）在"显示表"对话框中，选择"表"选项卡，然后依次添加"学生基本情况表""学院情况表""学生选课表""课程信息表"，然后单击"关闭"按钮关闭"显示表"对话框。如果原来的表与表之间建立了关联关系，在查询设计视图上部可以看到建立好的关系，如果之前没有建立关系，则需要通过表与表之间的共同字段建立关系，如图4-44所示。

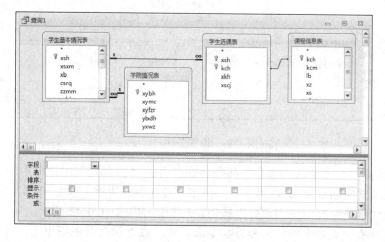

图4-44　多个数据源

3）依次双击"学生基本情况表"中的"xsh""xsxm"字段、"学院情况表"中的"xymc"字段、"课程信息表"中的"kcm"字段、"学生选课表"中的"xscj"字段，将它们添加到设计网格的字段行中，如图4-45所示。

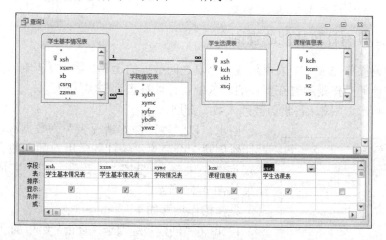

图4-45　添加所需的字段

4）将光标定位在设计网格"xscj"字段列的"条件"单元格内，输入"Between 60 And 85"，并设置该字段的排序方式为"降序"，如图 4-46 所示。

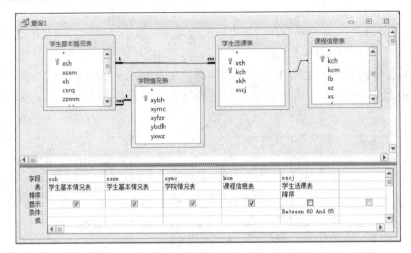

图 4-46　设置条件与排序

5）单击窗口左上角的"保存"按钮，在打开的"另存为"对话框中输入查询的名称"中等成绩学生信息查询"，再单击"确定"按钮保存查询，然后单击"查询工具-设计"选项卡"结果"组中的"运行"按钮，运行的结果如图 4-43 所示。

注意：如果生成的查询不完全符合要求，可以在查询设计视图中更改查询。

可以对相同的字段或不同的字段输入多个准则。在多个"准则"单元格中输入表达式时，Access 2010 将使用 And 或 Or 运算符进行组合。如果此表达式是在同一行的不同单元格中，Access 2010 将使用 And 运算符，表示将返回匹配所有单元格中准则的记录；如果表达式是在设计网格的不同行中，Access 2010 将使用 Or 运算符，表示将返回匹配任何一个单元格中准则的记录。

4.4.4　创建具有计算功能的查询

通过查询操作完成一个表内部或多个表之间数据的运算，是建立查询对象的一个常用的功能。计算操作是通过在查询的对象中设计计算查询来实现的。

例 4.7　创建"统计各学历教师人数"查询。

图 4-47　统计各学历教师人数

要求：以"教师基本情况表"为数据源，利用查询设计器创建一个名为"统计各学历教师人数"的查询，在查询结果中包含"xl""人数"字段，完成后的查询结果如图 4-47 所示。

具体操作步骤如下。

1）单击"创建"选项卡"查询"组中的"查询设计"按钮，打开"显示表"对话框，同时显示查询设计视图。

2）在"显示表"对话框中，选择"表"选项卡，然后选择"教师基本情况表"选项，单击"添加"按钮，然后单击"关闭"按钮关闭"显示表"对话框。

3）在查询设计视图上部"教师基本情况表"中双击"xl"字段，将其添加到设计网格的"字段"行中，添加完一个"xl"字段后，再添加一个"xl"字段，在第 2 个选出的字段列中，更改"字段"行为"人数:xl"（注意：这里的冒号必须是英文状态下的冒号），如图 4-48 所示。

4）单击"查询工具-设计"选项卡"显示/隐藏"组中的"汇总"按钮，设计网格中会显示"总计"行，在"人数:xl"字段下的"总计"行中选择"计数"选项，两个字段的"显示"行复选框均为选中状态，如图 4-49 所示。

图 4-48　修改字段名称

图 4-49　设置计算字段

5）单击窗口左上角的"保存"按钮，在打开的"另存为"对话框中输入查询的名称"统计各学历教师人数"，再单击"确定"按钮保存查询文件，然后单击"查询工具-设计"选项卡"结果"组中的"运行"按钮，运行结果如图 4-47 所示。

注意：在设计查询时，经常会对某些字段进行计算操作，这时，字段的名称就需要重新更改。在查询设计视图下，可以直接更改查询结果中要显示的字段名称。例如，例 4.7 中，只要在设计网格的"字段"行进行修改即可，但是要注意字段名称与后面的字段表达式之间必须由冒号隔开，而这个冒号必须是英文状态下的。

在查询设计过程中除了利用"汇总"按钮来实现计算操作以外，还可以按照实际需要添加计算字段。

例 4.8　创建"教师年龄情况查询"。

要求：以"教师基本情况表"为数据源，利用查询设计器创建一个名为"教师年龄情况查询"的查询，在查询结果中包含"jsbh""jsxm""xb""xl""zc""年龄"字段，完成后的查询结果如图 4-50 所示。

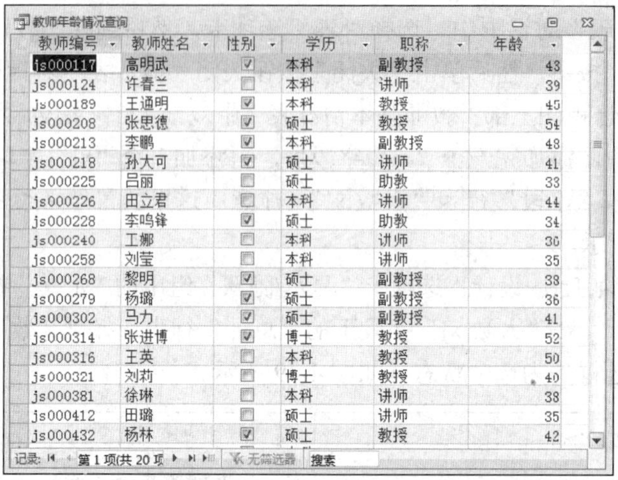

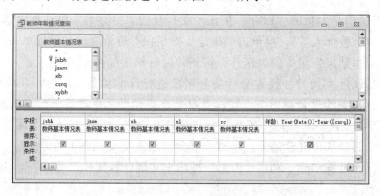

图 4-50　教师年龄情况查询

具体操作步骤如下。

1）单击"创建"选项卡"查询"组中的"查询设计"按钮，打开"显示表"对话框，同时显示查询设计视图窗口。

2）在"显示表"对话框中，选择"表"选项卡，然后选择"教师基本情况表"选项，单击"添加"按钮，然后单击"关闭"按钮关闭"显示表"对话框。

3）在查询设计视图上部"教师基本情况表"中依次选择"jsbh""jsxm""xb""xl""zc"字段，在设计网格"zc"字段后的"字段"行中输入"年龄:Year(Date())-Year([csrq])"，该字段下方的"显示"行复选框被选中，如图 4-51 所示。

图 4-51　添加计算字段

4）单击窗口左上角的"保存"按钮，在打开的"另存为"对话框中输入查询的名称"教师年龄情况查询"，再单击"确定"按钮保存查询，然后单击"查询工具-设计"选项卡"结果"组中的"运行"按钮，运行结果如图 4-50 所示。

注意：本例中使用了 Year()函数来求出生日期所在的年和当前日期所在的年，利用

Date()函数得到当前的系统日期，字段引用时需要将字段名称放在一对方括号里，在求年龄的表达式中所有的标点符号均为英文状态下的标点符号。

4.5 创建参数查询

前面所建的查询，无论是内容还是条件都是固定的，如果用户希望根据不同的条件来查找记录，就需要不断地建立查询，这样做很麻烦。为了方便用户的查询，Access 2010提供了参数查询。参数查询是动态的，它利用对话框提示用户输入参数并检索符合所输入参数的记录或值。利用参数查询，通过输入不同的参数值，可以在同一个查询中获得不同的查询结果。

参数查询就是将选择查询中的字段条件确定为一个带有"参数"的条件，其参数值在创建查询时不需要定义。当运行查询时再提供，系统根据运行查询时给定的参数值确定查询结果。参数查询是一个特殊的选择查询，参数随机性使其具有较大的灵活性。因此，参数查询常常作为窗体、报表、数据访问页的数据源。

要创建参数查询，可以在查询列的"条件"单元格中输入参数表达式（括在方括号中），而不是输入特定的条件，也可以单击"参数"按钮，打开"查询参数"对话框设置参数。设置完成后在查询列的"条件"单元格中输入"["后，当再要输入内容时，会出现已设参数列表，可在列表中选择要在该字段使用的参数名称，运行该查询时，Access 2010将弹出包含参数表达式文本的参数提示框。在输入数据后，Access 2010使用输入的数据作为查询条件。

例4.9 创建"按学号查询学生信息"的查询。

要求：以"学生基本情况表"为数据源，利用查询设计器创建一个名为"按学号查询学生信息"的单参数查询，在查询结果中包含"学生基本情况表"中的所有字段，以查询学号为"201501130114"的学生信息为例，完成后的查询结果如图4-52所示。

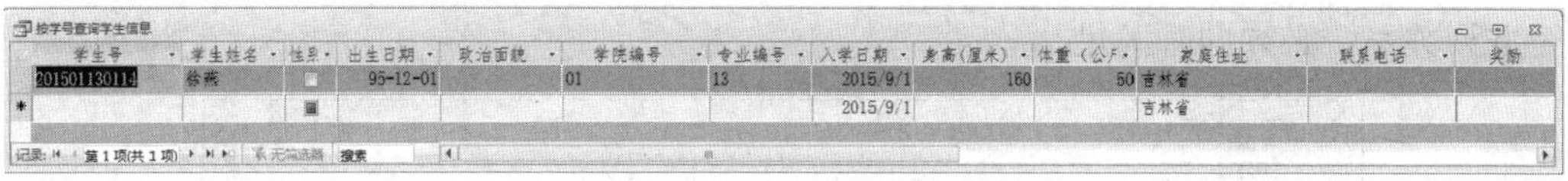

图4-52　按学号查询学生信息

具体操作步骤如下。

1）单击"创建"选项卡"查询"组中的"查询设计"按钮，打开"显示表"对话框，同时显示查询设计视图窗口。

2）在"显示表"对话框中，选择"表"选项卡，并选择"学生基本情况表"选项，单击"添加"按钮，然后单击"关闭"按钮关闭"显示表"对话框。

3）在查询设计视图上部"学生基本情况表"中双击"*"，会将"学生基本情况表"中的所有字段显示在运行结果中，然后双击"xsh"字段，将"xsh"字段添加到设计网格中，并取消选中"xsh"字段下方的"显示"行复选框。

4）在查询设计网格"xsh"字段的"条件"单元格中设置参数，输入"[请输入学生号：]"（注意："["")"这两个符号必须是英文状态下的方括号），如图4-53所示。

5）单击窗口左上角的"保存"按钮，在打开的"另存为"对话框中输入查询的名称"按学号查询学生信息"，再单击"确定"按钮保存查询，然后单击"查询工具-设计"选项卡"结果"组中的"运行"按钮，打开"输入参数值"对话框，如图4-54所示。在"请输入学生号"文本框中输入要查询的学生号"201501130114"，然后单击"确定"按钮，即可得到图4-52所示的结果。

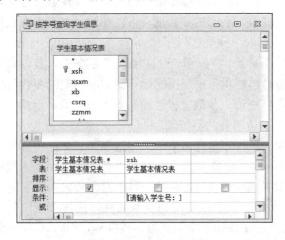

图 4-53 设置参数字段　　　　　　　　　　图 4-54 "输入参数值"对话框

创建参数查询时，不仅可以使用一个参数，也可以使用两个或两个以上的参数。多个参数查询的创建过程与一个参数查询的创建过程一样，只是在查询设计视图窗口中将多个参数的条件都放在"条件"行中，如图 4-55 所示，可以同时按照"学院名称"和"专业名称"进行查询，运行查询时会依次弹出两个"输入参数值"对话框，两个条件是并列关系，必须同时满足。

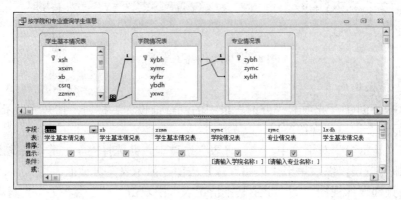

图 4-55 多参数查询

4.6 创建操作查询

前面介绍的几种查询方法都是根据特定的查询条件，从数据源中产生符合条件的动态数据集，本身并没有改变表中的原有数据，它们属于选择查询。而操作查询是在选择查询的基础上创建的，可对数据源中的数据进行追加、删除、更新，并可在选择查询基础上创建新表，具有选择查询、参数查询的特性。

操作查询与选择查询的另一个不同是，打开选择查询就能够直接显示查询结果，而打开操作查询，运行更新、删除、追加等操作查询时，不直接显示操作查询结果，只有打开操作的目的表（更新、追加、删除、生成的表），才能看到操作查询的结果。

操作查询将改变操作目的表中的数据，因此，为了避免操作引起的数据丢失，在运行操作查询前应做好数据库或表的备份。

操作查询的种类有生成表查询、删除查询、更新查询和追加查询4种。

1）生成表查询：根据一个或多个表的全部数据或部分满足条件的数据创建一个新的数据表。

2）删除查询：从表中删除符合条件的一组记录。

3）更新查询：对表中符合条件的一组记录做更新。

4）追加查询：将表中符合条件的记录添加到另一个表的尾部。

1. 保护数据

创建操作查询时，首先要保护数据，因为操作查询会改变数据。在多数情况下，这些改变是不能恢复的，这就意味着操作查询具有破坏数据的能力。在使用删除、更新或追加查询时，如果希望更新操作更安全一些，就应该先对相应的表进行备份，然后运行操作查询。

创建表备份的操作步骤如下。

1）在 Access 2010 窗口左侧的导航窗格中选择表对象，然后在表列表中选择要保存的数据表名称，按【Ctrl+C】组合键；或右击要保存的表，在弹出的快捷菜单中选择"复制"选项。

2）按【Ctrl+V】组合键，或右击，在弹出的快捷菜单中选择"粘贴"选项，Access 2010 会打开图 4-56 所示的"粘贴表方式"对话框。

3）为备份的表指定新表名。

4）选中"结构和数据"单选按钮，然后单击"确定"按钮将新表添加到数据库窗口中，此备份的表和原表完全相同。

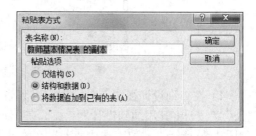

图 4-56 "粘贴表方式"对话框

2. 生成表查询

生成表查询是从一个或多个表的全部或部分数据中创建新的数据表。实际上在 Access 2010 数据库系统中，如果用户需要反复使用同一个选择查询从几个数据表中提取数据，最好能把这个选择查询提取的数据存储为一个新数据表，这样可以大大提高查询的效率。

例 4.10　创建"生成表查询"。

要求：以"教师基本情况表"为数据源，利用查询设计视图创建一个名为"生成表查询"的查询，利用"生成表"对话框为新生成的表命名为"高级职称教师信息表"，表中包括"教师基本情况表"中职称为"教授"的所有字段信息，完成后新生成的数据表如图 4-57 所示。

jsbh	jsxm	xb	csrq	xybh	xl	zc	hf	lxdh	jbgz	sfzz	jg	Email
000203	张思德	-1	1962/3/24	07	硕士	教授	0	1860449××××	¥4,112.50	0	吉林省	
000314	张进博	-1	1964/1/2	04	博士	教授	-1	1860449××××	¥3,965.18	-1	辽宁省	
000316	王英	0	1966/11/15	07	本科	教授	-1	1860449××××	¥3,880.80	0	辽宁省	
000321	刘莉	-1	1976/1/2	01	博士	教授	-1	1860449××××	¥4,251.00	0	黑龙江省	
000432	杨林	-1	1974/1/14	08	硕士	教授	-1	1860449××××	¥4,532.00	-1	吉林省	
000189	王通明	-1	1971/6/1	09	本科	教授	-1	1860449××××	¥0.00	-1	吉林省	

图 4-57　通过生成表查询生成的高级职称教师信息表

具体操作步骤如下。

1）打开"教务管理系统"数据库。

2）单击"创建"选项卡"查询"组中"查询设计"按钮，打开查询设计视图和"显示表"对话框。在"显示表"对话框中选择数据源表"教师基本情况"，然后单击"关闭"按钮关闭"显示表"对话框。

3）单击"查询工具-设计"选项卡"查询类型"组中的"生成表"按钮，打开图 4-58 所示的"生成表"对话框，在对话框中输入新生成的表的名称"高级职称教师信息表"，然后单击"确定"按钮。

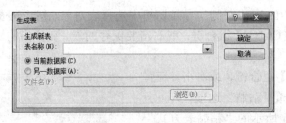

图 4-58　"生成表"对话框

4）在查询设计视图上部的表字段列表中双击"*"选择表中的所有字段，然后双击"zc"字段，将其添加到设计网格中，在"zc"字段下方的"条件"行中添加条件"教授"，如图 4-59 所示，并取消选中"zc"字段下方的"显示"行复选框。

5）单击窗口左上角的"保存"按钮，在打开的"另存为"对话框中输入查询的名称"生成表查询",再单击"确定"按钮保存查询,然后单击"查询工具-设计"选项卡"结果"组中的"运行"按钮,弹出图4-60所示的提示框,单击"是"按钮,完成生成表操作。打开"高级职称教师信息表",可以看到新生成的表结果,如图4-57所示。

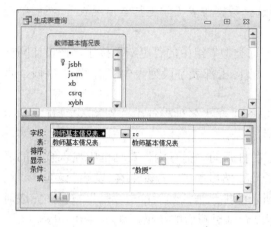

图4-59　生成查询的条件设置

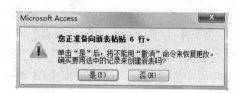

图4-60　生成表查询提示框

3. 更新查询

如果要对数据表中的某些数据进行有规律的、成批的更新替换操作,就可以使用更新查询来实现。

例4.11　创建"更新查询"。

要求:以"学生基本情况表"为数据源,使用查询设计视图创建一个名为"更新查询"的查询,利用这个更新查询,将"奖励"字段中的"优秀学生干部"更新为"优秀学生会干部",更新后的结果如图4-61所示。

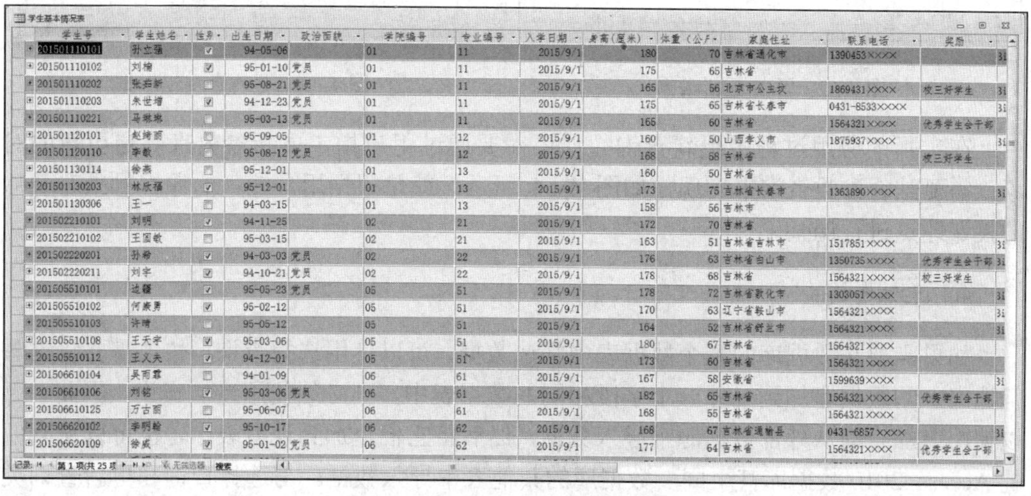

图4-61　更新后的学生基本情况表

具体操作步骤如下。

1）打开"教务管理系统"数据库。

2）单击"创建"选项卡"查询"组中的"查询设计"按钮，打开查询设计视图和"显示表"对话框。在"显示表"对话框中选择数据源表"学生基本情况表"，然后单击"关闭"按钮关闭"显示表"对话框。

3）单击"查询工具-设计"选项卡"查询类型"组中的"更新"按钮，在设计网格区域会增加一个"更新到"行，然后在设计视图上部表字段列表中双击"jl"字段，将该字段添加到设计网格中。

4）在设计网格中的"jl"字段的"更新到"和"条件"行中分别输入""优秀学生会干部""和""优秀学生干部""，如图 4-62 所示。

5）单击窗口左上角的"保存"按钮，在打开的"另存为"对话框中输入查询的名称"更新查询"，再单击"确定"按钮保存查询，然后单击"查询工具-设计"选项卡"结果"组中的"运行"按钮，弹出图 4-63 所示的提示框，然后单击"是"按钮，完成对更新表操作。打开"学生基本情况表"，可以看到更新后的结果，如图 4-61 所示。

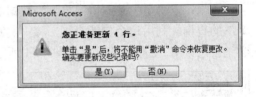

图 4-62　添加更新数据　　　　　　　　　　图 4-63　更新查询提示框

在实际的应用过程中更新查询往往还需要通过用户指定更新参数来确定更新的对象，需要结合参数查询来实现，如图 4-64 所示，就是根据用户输入的课程号来对教师的授课地点进行调整。

4．追加查询

如果需要从数据库的某个数据表中筛选数据，可以使用选择查询。如果需要将这些筛选出来的数据追加到另外一个字段相同的数据表中，则必须使用追加查询。因此，可以使用追加查询从外部数据源中导入数据，然后将它们追加到现有表中，也可以从其他的 Access 2010 数据库甚至同一数据库的其他表中导入数据。与选择查询和更新查询类似，追加查询的范围也可以利用条件加以限制。

图4-64 带有参数的更新查询

例4.12 创建"追加查询"。

要求：以"教师基本情况表"为数据源，利用查询设计视图创建一个名为"追加查询"的查询，将"副教授"信息追加到"高级职称教师信息表"中，追加后的结果如图4-65所示。

jsbh	jsxm	xb	csrq	xybh	xl	zc	hf	lxdh	jbgz	sfzz	jg	Email
000189	王通明	-1	1971/6/1	09	本科	教授	-1	1860449××××	¥0.00	-1	吉林省	
000432	杨林	-1	1974/1/14	08	硕士	教授	-1	1860449××××	¥4,532.00	-1	吉林省	
000321	刘莉	0	1976/1/2	01	博士	教授	-1	1860449××××	¥4,251.00	-1	黑龙江省	
000316	王英	0	1966/11/15	07	本科	教授	-1	1860449××××	¥3,880.80	0	辽宁省	
000314	张进博	-1	1964/1/2	04	博士	教授	-1	1860449××××	¥3,985.18	-1	辽宁省	
000208	张思德	-1	1962/3/24	07	硕士	教授	0	1860449××××	¥4,112.50	-1	吉林省	
000279	杨璐	-1	1980/2/10	06	硕士	副教授	0	1860449××××	¥3,985.60	-1	吉林省	
000302	马力	-1	1975/6/23	03	硕士	副教授	-1	1860449××××	¥3,562.00	-1	吉林省	
000268	黎明	-1	1978/5/21	02	硕士	副教授	0	1860449××××	¥3,025.00	-1	黑龙江省	
000213	李鹏	-1	1968/12/3	03	本科	副教授	-1	1860449××××	¥2,932.85	-1	黑龙江省	
000117	高明武	-1	1973/7/25	06	本科	副教授	-1	1860449××××	¥2,995.20	-1	吉林省	1362194451@

记录：第1项(共11项) 无筛选器 搜索

图4-65 追加后的"高级职称教师信息表"

具体操作步骤如下。

1）打开"教务管理系统"数据库。

2）单击"创建"选项卡"查询"组中的"查询设计"按钮，打开查询设计视图和"显示表"对话框，在"显示表"对话框中选择数据源表"教师基本情况表"，然后单击"关闭"按钮关闭"显示表"对话框。

3）单击"查询工具-设计"选项卡"查询类型"组中的"追加"按钮，打开图4-66所示的"追加"对话框，在"表名称"文本框中输入追加到的表名称"高级职称教师信息表"（注意："高级职称教师信息表"为已经存在的数据表，不可追加到未建立的表），然后单击"确定"按钮，这时设计网格中会添加"追加到"行。

4）在查询设计视图上部的表字段列表中双击"*"选择表中的所有字段，然后双击"zc"字段，将其添加到设计网格中，在"zc"字段下方的"条件"行添加条件""副教授""，如图4-67所示。

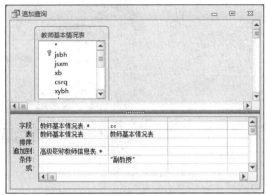

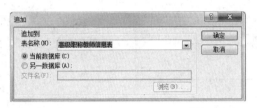

追加
追加到
表名称(N): 高级职称教师信息表
确定
取消
当前数据库(C)
另一数据库(A):
文件名(F):
浏览(B)...

图 4-66 “追加”对话框

追加查询
教师基本情况表
*
jsbh
jsxm
xb
csrq
xybh
字段: 教师基本情况表.*
表: 教师基本情况表
排序:
追加到: 高级职称教师信息表.*
条件:
或:
zc
教师基本情况表
"副教授"

图 4-67 追加查询的条件设置

5）单击窗口左上角的“保存”按钮，在打开的“另存为”对话框中输入查询的名称“追加查询”，再单击“确定”按钮保存查询，然后单击“查询工具-设计”选项卡“结果”组中的“运行”按钮，弹出图 4-68 所示的提示框，单击“是”按钮，完成追加操作。打开“高级职称教师信息表”，可以看到图 4-65 所示的结果。

Microsoft Access
您正准备追加 5 行。
单击“是”后，将不能用“撤消”命令来恢复更改。
确实要追加选中行吗?
是(Y)
否(N)

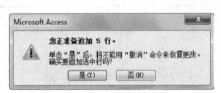

图 4-68 追加查询提示框

5. 删除查询

如果需要从数据库的某个数据表中有规律地成批删除一些记录，可以使用删除查询操作。应用删除查询对象成批地删除数据表中的记录，应该指定相应的删除条件，否则就会删除数据表中的全部数据。

例 4.13 创建“删除查询”。

要求：以“高级职称教师信息表”为数据源，利用查询设计器创建一个名为“删除查询”的查询，删除该表中职称为“副教授”的教师信息，查询运行后的结果如图 4-69 所示。

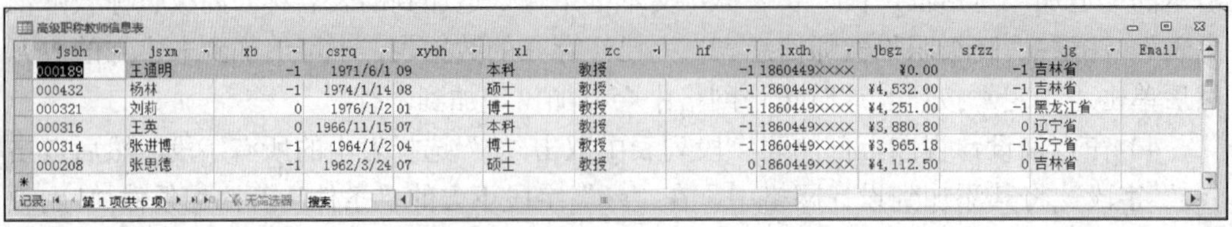

高级职称教师信息表
jsbh jsxm xb csrq xybh xl zc hf lxdh jbgz sfzz jg Email
000189 王通明 -1 1971/6/1 09 本科 教授 -1 1860449×××× ¥0.00 -1 吉林省
000432 杨林 -1 1974/1/14 08 硕士 教授 -1 1860449×××× ¥4,532.00 -1 吉林省
000321 刘莉 0 1976/1/2 01 博士 教授 -1 1860449×××× ¥4,251.00 -1 黑龙江省
000316 王英 0 1966/11/15 07 本科 教授 -1 1860449×××× ¥3,880.80 0 辽宁省
000314 张进博 -1 1964/1/2 04 博士 教授 -1 1860449×××× ¥3,965.18 -1 辽宁省
000208 张思德 -1 1962/3/24 07 硕士 教授 0 1860449×××× ¥4,112.50 0 吉林省
记录: 第 1 项(共 6 项) 无筛选器 搜索

图 4-69 删除查询运行后的结果

具体操作步骤如下。

1）打开"教务管理系统"数据库。

2）单击"创建"选项卡"查询"组中的"查询设计"按钮，打开查询设计视图和"显示表"对话框，在"显示表"对话框中选择数据源表"高级职称教师信息表"，然后单击"关闭"按钮关闭"显示表"对话框。

3）单击"查询工具-设计"选项卡"查询类型"组中的"删除"按钮，这时设计网格中会添加"删除"行。然后双击查询设计视图上部表字段列表中的"zc"字段，将"zc"字段添加到设计网格中，在该字段下面的"条件"行中输入""副教授""，如图 4-70 所示。

4）单击窗口左上角的"保存"按钮，在打开的"另存为"对话框中输入查询的名称"删除查询"，再单击"确定"按钮保存查询。单击"查询工具-设计"选项卡"结果"组中的"运行"按钮，弹出图 4-71 所示的提示框，然后单击"是"按钮，完成删除操作。打开"高级职称教师信息表"，可以看到图 4-69 所示的结果。

图 4-70　删除条件的设置

图 4-71　删除查询提示框

4.7　SQL 查询

从以上几节的介绍可见，Access 2010 的交互查询不仅功能多样，而且操作简便。事实上，这些交互查询功能都有相应的 SQL 语句与之相对应，当在查询设计视图中创建查询时，Access 2010 将自动在后台生成等效的 SQL 语句。当查询设计完成后，就可以通过 SQL 视图查看对应的 SQL 语句。

然而在使用数据库的过程中，经常会用到一些查询，但这些查询用各种查询向导和设计器都无法做出来，而使用 SQL 查询可以完成比较复杂的查询工作。SQL 作为一种通用的数据库操作语言，并不是 Access 2010 用户必须要掌握的，但在实际的工作中有时必须使用这种语言才能完成一些特殊的工作。

1. SQL 概述

当今所有关系数据库管理系统都是以 SQL 为核心的。SQL 是在数据库领域中应用最为广泛的数据库查询语言。SQL 概念的建立起始于 1974 年，随着 SQL 的发展，ISO（International Standards Organization，国际标准化组织）、ANSI（American National Standards Institute，美国国家标准研究所）等国际权威标准化组织都为其制定了标准，从而建立了 SQL 在数据库领域里的核心地位。

SQL 具有以下特点。

1）它类似于英语自然语言，简单易学。

2）它是一种非过程语言。

3）它是一种面向集合的语言。

4）它既可独立使用，又可嵌入宿主语言中使用。

5）它具有查询、操纵、定义和控制一体化功能。

单纯的 SQL 所包含的语句并不多，但在使用过程中需要大量输入各种表、查询和字段的名称。这样当建立一个涉及大量字段的查询时，就需要输入大量文字，与使用查询设计视图建立查询相比就麻烦多了。所以，在建立查询的时候应该先在查询设计视图中将基本的查询功能都实现，最后再切换到 SQL 视图通过编写 SQL 语句完成一些特殊的查询。

2. SELECT 语句

在 SQL 查询中，SELECT 语句构成了 SQL 数据库语言的核心，其主要功能是实现数据源数据的筛选、投影和连接操作，并能够完成筛选字段的重命名、对数据源数据的组合、分类汇总、排序等具体操作，具有非常强大的数据查询功能。

SELECT 语句的语法包括 5 个主要的子句，其一般结构如下。

```
SELECT [ALL|DISTINCT] <字段列表>
FROM <表或查询列表>
[WHERE] <条件表达式>
[GROUP BY <列名>
[HAVING <条件表达式>]]
[ORDER BY <列名> [ASC|DESC]];
```

在 SELECT 语法格式中，方括号中的内容为可有可无，尖括号中的内容不可缺失。各个子句的说明如下。

1）WHERE：筛选满足给定条件的记录。

2）GROUP BY：根据所列字段名分组。

3）HAVING：设置 GROUP BY 后，设置分组条件。

4）ORDER BY：根据所列字段名排序。

可以利用 SQL 查询实现前面所讲的各种查询，如下所示。

（1）选择查询

例如，查询"学生基本情况表"中的党员信息。

```
SELECT xsh, xsxm, xb, zzmm, csrq
FROM 学生基本情况表
WHERE zzmm="党员";
```

（2）计算查询

例如，计算不同学院的教师人数。

```
SELECT First(xybh) AS [学院编号], Count(xybh) AS [人数]
FROM 教师基本情况表
GROUP BY xybh
HAVING Count(教师基本情况表.xybh)>1;
```

（3）参数查询

例如，按学院编号和专业编号查询学生信息。

```
SELECT xybh,zybh, xsh, xsxm, csrq, zzmm,
FROM 学生基本情况表
WHERE (xybh=[请输入学院编号:]) AND (zybh=[请输入专业编号:]);
```

3. 联合查询

联合查询可以将两个或两个以上的表或查询所对应的多个字段的记录合并为一个查询中的记录。执行联合查询时，将返回所包含的表或查询中对应字段的记录。创建联合查询的唯一方法是使用 SQL 窗口。

例 4.14 将"学生基本情况表"中的"xsh""xsxm""csrq""zzmm"字段与"退学学生信息表"中的相应字段合并起来。

具体操作步骤如下。

1）单击数据库窗口"创建"选项卡"查询"组中的"查询设计"按钮，打开查询设计视图，同时打开"显示表"对话框。

2）关闭"显示表"对话框。

3）单击"查询设计-工具"选项卡"查询类型"组中的"联合"按钮，即可打开 SQL 编辑窗口。

4）在窗口中添加 SQL 语句，如果不需要返回重复记录，可以输入带有 Union 运算的 SQL SELECT 语句；如果需要返回重复记录，可以输入带有 Union All 运算的 SQL SELECT 语句。每条 SELECT 语句必须同一顺序返回相同数量的字段。对应的字段要有兼容的数据类型，如图 4-72 所示。

图 4-72　联合查询 SQL 语句

4. 传递查询

Access 2010 传递查询可直接将命令发送到 ODBC（open database connectivity，开放数据库连接）数据库服务器。使用传递查询，不必连接服务器上的表，就可以直接使用相应的表。使用传递查询会为查询添加 3 个新属性，具体如下。

1）ODBC 连接字符串：指定 ODBC 连接字符串，默认值为"ODBC"。

2）返回记录：指定查询是否返回记录，默认值为"是"。

3）日志消息：指定 Access 2010 是否将来自服务器的警告和信息记录在本地表中，默认值为"否"。

可以按照下面的步骤创建一个传递查询。

1）单击"创建"选项卡"查询"组中的"查询设计"按钮，打开查询设计视图，同时打开"显示表"对话框。

2）关闭"显示表"对话框。

3）单击"查询设计-工具"选项卡"查询类型"组中的"传递"按钮，就可以打开 SQL 编辑窗口。

4）单击"查询工具-设计"选项卡"显示/隐藏"组中的"属性表"按钮，打开"属性表"窗格，设置"ODBC 连接字符串"属性。该属性将指定 Access 2010 执行查询所需的连接信息，如图 4-73 所示。可以输入连接信息，或单击"生成"按钮，以获得关于要连接的服务器的必要信息。

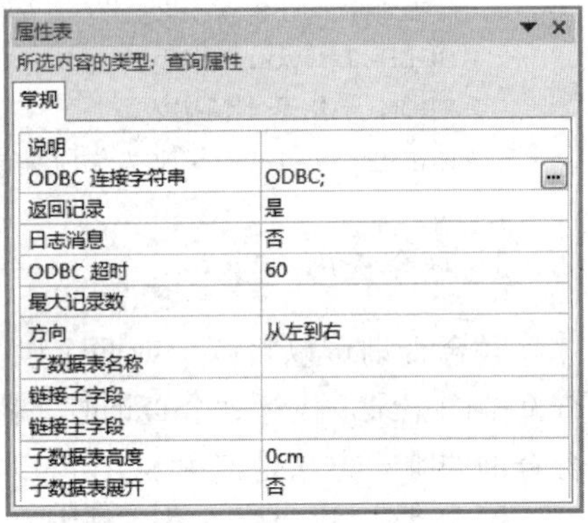

5）在 SQL 传递查询窗口中输入查询。

6）单击"运行"按钮，执行该查询。

图 4-73　查询属性

5. 数据定义查询

数据定义查询是 SQL 的一种特定查询。使用数据定义查询可以在数据库中创建或更改对象。使用数据定义查询可以在当前数据库中创建、删除、更改表或创建索引，每个数据定义查询只包含一条数据定义语句。

使用 SQL 数据定义查询来处理表或索引的操作步骤如下。

1）单击"创建"选项卡"查询"组中的"查询设计"按钮，打开查询设计视图，同时打开"显示表"对话框。

2）关闭"显示表"对话框。

3）单击"查询设计-工具"选项卡"查询类型"组中的"数据定义"按钮，就可以打开 SQL 编辑窗口。

4）在数据定义查询窗口中输入 SQL 语句。

Access 2010 支持下列数据定义语句。

（1）建立数据表

建立数据表的 SQL 语句如下。

```
CREATE TABLE 表名
(列名 1 数据类型 1  [NOT NULL]
[,列名 2 数据类型 2  [NOT NULL]]…)
[IN 数据库名]
```

一个表可以定义一列或多个列，列定义需要说明列名、数据类型，并指出列值是否允许为空值。如果某列作为表的关键字，应该定义该列为非空。

Access 2010 支持如下常用的数据类型。

1）Integer：整字长的二进制整数。

2）Decimal(m,[n])：十进制数，m 为整数的位数，n 为小数的位数。

3）Float：双字长浮点数。

4）Char(n)：长度为 n 的定长字符串。

5）Memo：备注型。

（2）修改数据表

修改数据表的 SQL 语句如下。

```
ALTER TABLE 表名 ADD 列名数据类型
```

运行该语句，可在已经存在的数据表中增加一列。

```
ALTER TABLE 表名 DROP 列名
```

运行该语句，可在已经存在的数据表中删除指定的列。

（3）删除数据表

删除数据表的 SQL 语句如下。

```
DROP TABLE 表名
```

DROP TABLE 的作用是删除一个已经存在的基表，在基表上定义的所有视图和索引也一起被删除。

通过本章的学习，应理解 Access 2010 查询对象的作用及其实质，掌握 Access 2010 查询对象的创建与设计方法，学习 Access 2010 查询对象的应用技术。

应用 Access 2010 的查询对象是实现关系数据库操作的主要方法，借助于 Access 2010 为查询对象提供的可视化工具，不仅可以很方便地进行 Access 2010 查询对象的创建、修改和运行，还可以使用这个工具生成合适的 SQL 语句，直接将其粘贴到需要该语句的程序代码或模块中。这将会非常有效地减轻编程工作量，也可以完全避免在程序中编写 SQL 语句时容易产生的错误。

习题

1. 什么是查询？查询的优点是什么？
2. 简述 Access 2010 查询对象和数据表对象的区别。
3. 如何创建多表查询？多表查询有什么优点？
4. 简述交叉表查询、更新查询、追加查询和删除查询的应用。
5. 常用的查询向导有哪些？如何利用查询向导创建不同类型的查询？

第5章 窗体的创建与使用

窗体是 Access 2010 数据库中的一种对象，是数据库用户和 Access 2010 应用程序之间的主要接口。通过窗体用户可以方便地输入数据、编辑数据、显示和查询表中的数据。利用窗体可以将整个应用程序组织起来，形成一个完整的应用系统。

5.1 窗体概述

窗体有多种形式，不同的窗体能够完成不同的功能。窗体提供了简单自然的输入、修改、查询数据的友好界面。窗体与数据表不同，窗体本身没有存储数据的功能，它将表或查询作为数据源，实现对数据输入、编辑、显示和查询的功能。窗体主要可以完成以下几种功能。

1. 输入和编辑数据

输入和编辑数据是窗体最普通的用法。窗体为自定义数据库中数据的表示方式提供了途径，可以用窗体更改或删除数据库的数据，也可以在窗体中设置选项属性。

2. 控制应用程序的流程

窗体上可以放置各种命令按钮控件。用户可以通过控件做出选择并向数据库发出各种命令，窗体可以与宏配合使用，来引导过程动作的流程。例如，可以在窗体上放置按钮控件来打开窗体、运行查询和打印报表。

3. 显示提示信息

可以利用窗体显示各种提示、警告和错误信息。例如，当用户输入了非法数据时，信息窗口会告诉用户"输入错误"并提示正确的输入方法。

4. 打印数据

Access 2010 中除了报表可以用来打印数据外，窗体也可以作为打印数据使用。一个窗体可以同时具有显示数据及打印数据的双重角色。

5.1.1　窗体的类型

Access 2010 提供了纵栏式窗体、表格式窗体、数据表窗体、主/子窗体、数据透视图窗体和数据透视表窗体6 种窗体类型。

（1）纵栏式窗体

纵栏式窗体在窗体界面中每次只显示表或查询中的一条记录，可以占一个或多个屏幕页，记录中的字段纵向排列于窗体中。

纵栏式窗体通常用于输入数据，每个字段的标签放在字段左边。

（2）表格式窗体

表格式窗体在窗体的一个界面中显示表或查询中的全部记录。记录中的字段横向排列，记录纵向排列。每个字段的名称都在窗体顶部作为窗体页眉，可通过滚动条来查看和维护其他记录。

（3）数据表窗体

数据表窗体从外观上看与数据表和查询显示数据的界面相同，它的主要作用是作为一个窗体的子窗体。

（4）主/子窗体

窗体中的窗体称为子窗体，包含子窗体的窗体称为主窗体。主/子窗体通常用于显示多个表或查询的数据，这些表或查询中的数据具有一对多的关系。

主窗体只能显示为纵栏式的窗体，子窗体可以显示为数据表窗体，也可以显示为表格式窗体。在子窗体中可以创建二级子窗体。

（5）数据透视图窗体

数据透视图窗体的数据源可以是数据表和查询。可以单独使用数据透视图窗体，也可以将它嵌入其他窗体中作为子窗体。

（6）数据透视表窗体

数据透视表是一种交互式表，可动态改变版面布置，按不同方式计算、分析数据。其所进行的计算与数据在数据透视表中的排列有关。例如，可水平或垂直显示字段值，再计算每行或列的合计。可将字段值作为行号或列标，在交叉点进行统计计算。

5.1.2　窗体的数据源与视图方式

窗体是以表或查询为基础创建的，在窗体中显示的数据实际上调用的是表或查询中的数据，窗体不过是用户操作数据库的界面。在 Access 2010 创建窗体的过程中，所引用的数据源分为两类：一类为引用单一数据集，即创建窗体所引用的数据源是一个数据表或一个查询；另一类为引用多重数据集，即创建窗体所引用的数据源是多个数据表或多个查询。

用户需要通过窗体进行数据库操作，一般情况下是根据用户的需求在不同类型的窗体视图下打开窗体。窗体的不同视图之间可以方便地进行切换，其一般可分为以下6 类。

（1）窗体视图

窗体视图是能够同时输入、修改和查看数据的窗口，同时，它还可以显示图片、命令按钮、OLE 对象等。窗体视图是在程序运行时面向用户的视图，如图 5-1 所示。

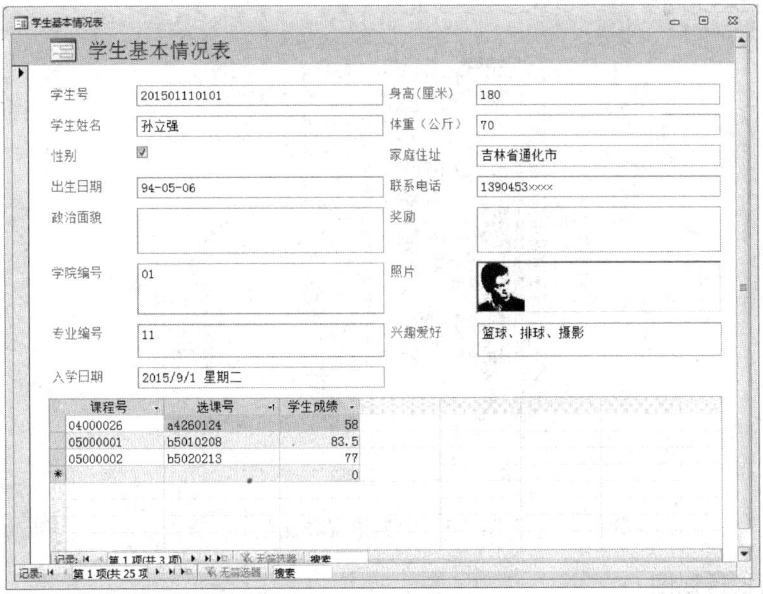

图 5-1　窗体视图

（2）数据表视图

数据表视图主要以表格的形式显示表、窗体、查询中的数据，它的显示效果类似于表对象的数据表视图，可以用来编辑字段、添加和删除数据、查找数据等，如图 5-2 所示。对于没有相关数据源的窗体，数据表视图没有任何意义。

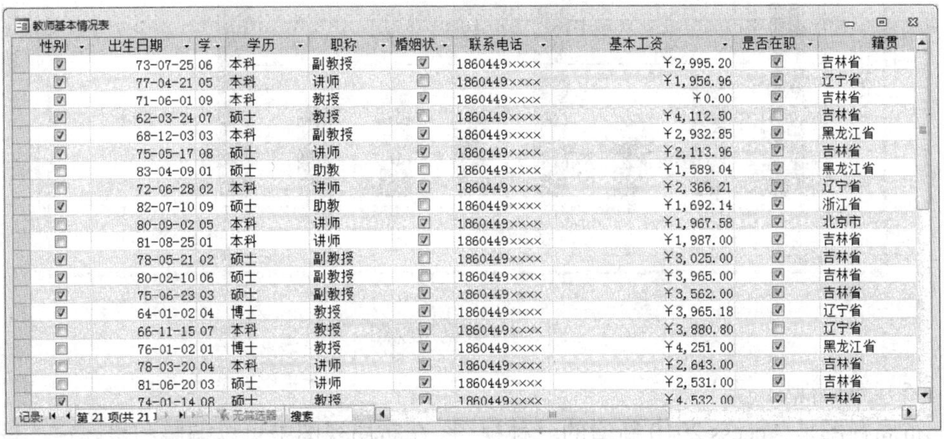

图 5-2　数据表视图

（3）数据透视表视图

数据透视表视图的使用需要 Office 数据透视表组件的支持，这种视图是一种交互式的表，可以动态地改变窗体的版面布局，重构数据的组织形式，易于进行交互式的数据分析，如图 5-3 所示。

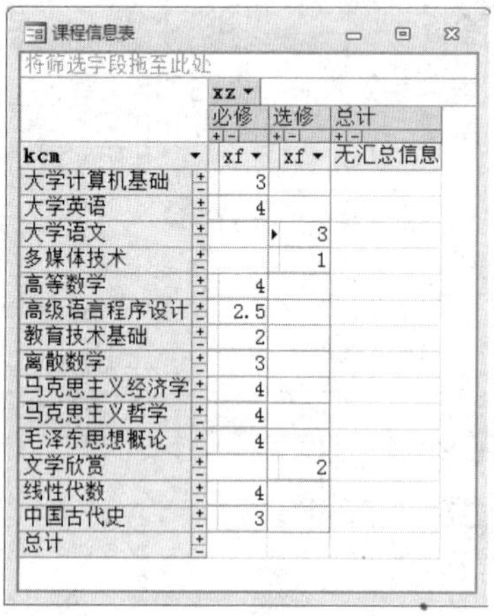

图 5-3　数据透视表视图

（4）数据透视图

数据透视图的使用需要 Office Chart 组件的支持，其将表中的数据信息及其数据汇总信息以图形化的方式直观地显示出来，帮助用户创建动态的交互式图表，如图 5-4 所示。

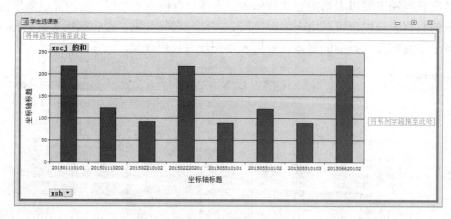

图 5-4　数据透视图

（5）布局视图

布局视图是 Access 2010 新增的一种视图。在布局视图中可以调整和修改窗体设计，可以根据实际数据调整列宽，还可以在窗体上放置新的字段，并设计窗体及其控件的属性、调整控件的位置和宽度。切换到布局视图后，如果窗体的控件四周显示虚线框，表示这些控件是可以调整位置和大小的，如图 5-5 所示。

图 5-5　布局视图

（6）设计视图

设计视图的作用是创建和修改窗体。在数据库应用系统的开发时期，设计视图是用户的工作台，用户可以自由调整窗体的版面布局，在窗体中加入控件、设计数据来源等，如图 5-6 所示。

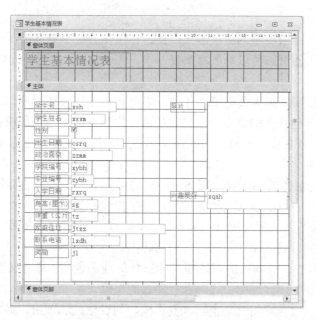

图 5-6　设计视图

5.1.3 窗体的组成

窗体一般是由若干部分构成的，每一部分称为一节，窗体最多可以有 5 节，分别是窗体页眉节、页面页眉节、主体节、页面页脚节和窗体页脚节，如图 5-7 所示。窗体中的信息可以分布在多个节中，所有窗体都必须有主体节，窗体还可以包含窗体页眉节、页面页眉节、页面页脚节和窗体页脚节。每一节都有特定的用途，并且按窗体中预览的顺序显示。

图 5-7　窗体设计视图

在设计视图中，节表现为区段形式，且窗体包含的每个节都出现一次。在打印窗体时，页面页眉和页面页脚可以每页都重复一次。通过放置控件来确定每个节中信息显示的位置。

1）窗体页眉节。窗体页眉节用于显示窗体的标题和使用说明，或打开相关窗体，或用于显示执行其他任务的命令按钮。它显示在窗体视图中的顶部或打印页的开头。

2）页面页眉节。页面页眉节用来显示用户要在每一打印页上方显示的内容，只显示在用于打印的窗体上。

3）主体节。主体节用于显示窗体或报表的主要部分，该节通常包含绑定到记录源中字段的控件，但也可能包含未绑定控件，如字段或标签等。

4）页面页脚节。页面页脚节主要显示日期、页码或用户要在每一打印页下方显示的内容。页面页脚节只显示在用来打印的窗体上。

5）窗体页脚节。窗体页脚节用于显示窗体的使用说明、命令按钮或接收输入的未绑定控件，显示在窗体视图中的底部和打印页的尾部。

窗体中还可以包含标签、文本框、复选框、列表框、选项组、组合框、命令按钮、图像等控件对象，这些控件对象在窗体中起不同的作用。

5.2　窗体的创建

Access 2010 在"创建"选项卡的"窗体"组中布置了多种创建窗体的功能按钮。在这些功能按钮中，除了"窗体"、"窗体设计"和"空白窗体"3 个主要按钮外，还包括"窗体向导"、"导航"和"其他窗体"3 个辅助按钮。其中在"导航"和"其他窗体"按钮上，还嵌入了下拉列表，以提供给用户多种创建窗体的方式。下面将以"教务管理系统"中的表作为数据源逐一列举窗体创建方式的具体操作方法。

5.2.1　使用"窗体"按钮创建窗体

使用"创建"选项卡中的"窗体"按钮是创建数据、维护窗体最快捷的方法，它可以快速创建基于选定表或查询中所有字段及记录的窗体，其窗体布局结构简单、规整。与其他窗体创建方法的不同之处在于：使用"窗体"按钮创建时，需要先选定数据源，如表对象或查询对象，而不是在窗体对象的窗口下启动向导或进入窗体设计视图。

具体操作步骤：在 Access 2010 中打开"教务管理系统"数据库文件，选择左侧导航窗格中的"学生基本情况表"选项，单击"创建"选项卡"窗体"组中的"窗体"按钮，打开新创建的"学生基本情况表"窗体布局视图，如图 5-8 所示。

图 5-8　"学生基本情况表"窗体布局视图

5.2.2　使用"窗体设计"按钮创建窗体

无论使用哪种方法来创建新窗体，任何细节的修改与显示的控制，都必须在窗体设计视图中进行，因此也可以通过"窗体设计"按钮直接创建一个新窗体，对各类控件进行详细的设计，其具体操作步骤如下。

1）在 Access 2010 中打开"教务管理系统"数据库文件，单击"创建"选项卡"窗体"组中的"窗体设计"按钮，则系统自动创建带网格的新窗体，如图 5-9 所示。

图 5-9　窗体设计视图窗口

2）在"窗体设计工具-设计"选项卡中，系统提供了很多窗体创建、设计过程中需要的功能按钮。为方便用户修改、新添加信息的各类属性，可单击"属性表"按钮，打开"属性表"窗格，如图 5-10 所示。

属性表	
所选内容的类型: 文本框(T)	
jsbh	
格式 数据 事件 其他 全部	
名称	jsbh
控件来源	jsbh
格式	
小数位数	自动
可见	是
文本格式	纯文本
数据表标题	
显示日期选取器	为日期
宽度	3cm
高度	0.529cm
上边距	0.199cm
左	2.998cm

图 5-10　"属性表"窗格

3）单击"页眉/页脚"组中的"标题"按钮，则在窗体页眉节中添加一个空白标签，如图 5-9 所示。此时，可以在"属性表"窗格的"全部"选项卡中对该空白标签的各项属性进行详细的编辑。

4）待"标题"添加完成后，可以单击"工具"组中的"添加现有字段"按钮，在主体节中调用现有各表内的字段。此时打开的"字段列表"窗格中出现"显示所有表"链接，单击此链接可以打开所有表的全部字段，双击要添加的字段后，左侧的主体节中则会出现相应的字段标签。重新打开"属性表"窗格，对标签的各项属性进行详细的修改。

5）用上述方法逐一添加、编辑各字段的相关属性后，单击"文件"选项卡中的"保存"按钮，在打开的"另存为"对话框中输入新建窗体的名称，如图 5-11 所示。单击"确定"按钮，完成本窗体的创建。

图 5-11　"另存为"对话框

5.2.3　使用"空白窗体"按钮创建窗体

使用"空白窗体"按钮创建窗体也是一种非常快捷的窗体创建方式。使用"空白窗体"按钮创建的窗体不带任何控件和格式，需要从创建窗体时打开的"字段列表"窗格中选出所需添加的字段进行手动添加。使用"空白窗体"按钮创建窗体的具体操作步骤如下。

1）打开 Access 2010 窗口，单击"创建"选项卡"窗体"组中的"空白窗体"按钮，系统自动创建空白的新窗体，如图 5-12 所示。

图 5-12　空白窗体视图窗口

2）在 Access 2010 窗口右侧打开的"字段列表"窗格中选择需要添加的字段。若未打开该窗格，则在"窗体布局工具-设计"选项卡"工具"组中单击"添加现有字段"按钮，则系统数据库中现有的字段将会出现在"字段列表"窗格中。

3）添加完所需字段后，单击"开始"选项卡"视图"组中的"视图"下拉按钮，在弹出的下拉列表中选择"设计视图"选项，切换到设计视图。此时，窗体右侧的"字段列表"窗格自动切换为"属性表"窗格，可以在"属性表"窗格中对窗体中的字段属性进行编辑。若需要添加窗体或页面的页眉、页脚，则右击主体节，在弹出的快捷菜单中选择"窗体页眉/页脚"选项或"页面页眉/页脚"选项，则窗口中将显示出该项内容；若要取消添加的内容，只需重复该操作即可。

4）用上述方法逐一添加、编辑各字段的相关信息后，单击"文件"选项卡中的"保存"按钮，在打开的"另存为"对话框中输入新建窗体的名称，单击"确定"按钮，完成窗体的创建。

5.2.4 使用"窗体向导"按钮创建窗体

虽然使用"窗体"按钮创建窗体方便快捷，但是内容和形式都受到限制，无法满足更为复杂的要求。而使用"窗体向导"按钮则可以更灵活、全面地控制数据来源和窗体格式，因为"窗体向导"能从多个表或查询中获取数据。下面对创建单一数据源窗体和创建多数据源窗体的操作进行详细叙述。

1. 创建单一数据源窗体

1）在 Access 2010 中打开"教务管理系统"数据库文件，单击"创建"选项卡"窗体"组中的"窗体向导"按钮，打开"窗体向导"对话框，如图 5-13 所示。

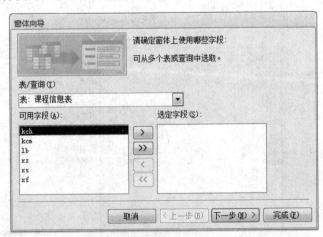

图 5-13 "窗体向导"对话框

2）在"窗体向导"对话框中，从"表/查询"下拉列表中选择"表：课程信息表"选项。然后在"可用字段"列表框中选择要添加到窗体中的字段，并单击 > 按钮，或双击需要添加的字段，将其添加到"选定字段"列表框中。如果错选了字段，可在"选定字段"列表框中选择要删除的字段，并单击 < 按钮，或双击需要删除的字段，将其从"选定字段"列表框中删除，使其回到"可用字段"列表框中。如果需要将"可用字段"列表框中所列的所有字段一次性全部导入"选定字段"列表框中，可单击 >> 按钮；如果需要将"选定字段"列表框中所列的所有字段一次性全部删除，可单击 << 按钮。

3）完成本表中所需字段的添加后，单击"下一步"按钮，在打开的对话框中有"纵栏表""表格""数据表""两端对齐"4 种窗体布局格式，提示用户选择创建的窗体使用何种布局格式，如图 5-14 所示。

4）单击"下一步"按钮，在打开的对话框中为窗体指定标题，如图 5-15 所示。

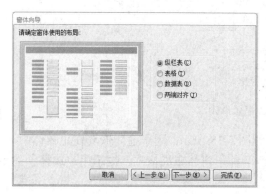

图 5-14　确定窗体使用的布局

图 5-15　为窗体指定标题

5）若选中"修改窗体设计"单选按钮，单击"完成"按钮，则打开"窗体设计工具-设计"选项卡，对窗体设计进行修改，如图 5-16 所示。若选中"打开窗体查看或输入信息"单选按钮，单击"完成"按钮，则退出"窗体向导"对话框完成窗体的创建。

2. 创建多数据源窗体

1）在 Access 2010 窗口中打开"教务管理系统"数据库文件，单击"创建"选项卡"窗体"组中的"窗体向导"按钮，打开"窗体向导"对话框，如图 5-13 所示。

2）在"窗体向导"对话框中，从"表/查询"下拉列表中选择"表：教师基本情况表"选项。然后在"可用字段"列表框中选择要添加到查询中的字段，并单击 > 按钮，或双击需要添加的字段，将其添加到"选定字段"列表框中。

3）按照上一步的方法，依次从其他表中选择所需添加的字段，然后单击"下一步"

按钮，在打开的对话框中可确定查看数据的方式，并提示用户对所选信息在新创建窗体中的显示方式进行选择，如图 5-17 所示。

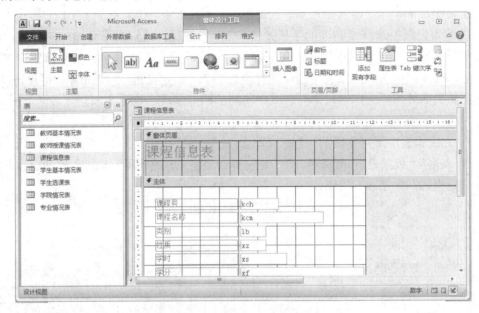

图 5-16　修改窗体设计

4）单击"下一步"按钮，打开的对话框如图 5-18 所示。因子窗体嵌套在主窗体中，所以该对话框中仅列出"表格"和"数据表"两种子窗体布局格式，提示用户选择创建的子窗体使用何种布局格式。

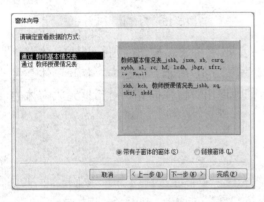

图 5-17　确定查看数据的方式　　　　　　图 5-18　选择子窗体布局

5）单击"下一步"按钮，打开的对话框如图 5-19 所示，可为窗体指定标题。

6）若选中"修改窗体设计"单选按钮，单击"完成"按钮，则打开"窗体设计工具-设计"选项卡，可对窗体设计进行修改。若选中"打开窗体查看或输入信息"单选按钮，单击"完成"按钮，则退出"窗体向导"对话框完成窗体的创建。新创建的带子窗体的窗体如图 5-20 所示。

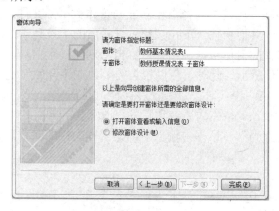

图 5-19　为窗体指定标题

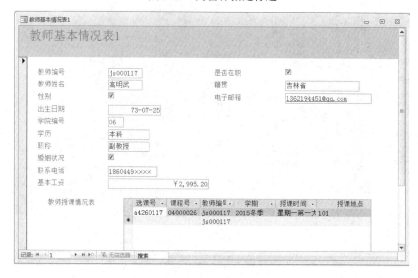

图 5-20　带子窗体的窗体

5.2.5　使用"其他窗体"按钮创建窗体

在 Access 2010 中打开"教务管理系统"数据库文件，单击"创建"选项卡"窗体"组中的"其他窗体"下拉按钮，在弹出的下拉列表中选择需要创建的窗体类型，其中包含"多个项目"、"数据表"、"分割窗体"、"模式对话框"、"数据透视图"和"数据透视表" 6 个窗体类型，用户可根据需要自行选择。

1．"多个项目"窗体

使用前面介绍的工具创建的窗体一次只显示一条记录。如果需要一次显示多条记录的窗体，可以使用"多个项目"选项进行窗体创建。该方式创建的窗体类似于数据表，但提供了比数据表多的自定义选项。例如，添加图形元素、按钮和其他控件等功能。

首先打开导航窗格，在其中选择需要添加的窗体数据源文件。然后单击"创建"选项卡"窗体"组中的"其他窗体"下拉按钮，在弹出的下拉列表中选择"多个项目"选项。系统将根据所选择的窗体数据源文件内容自动创建一个窗体，并以布局视图的形式显示窗体，如图 5-21 所示。此时，可以根据需要，在"开始"选项卡"视图"组中的"视图"下拉列表中切换视图形式，并通过窗口右侧的"属性表"窗格对该窗体中的各个标签项进行编辑和修改。待完成所有项目的修改后，单击"文件"选项卡中的"保存"按钮，在打开的"另存为"对话框中输入新创建窗体文件的名称后，单击"确定"按钮即完成窗体的创建。

图 5-21　使用"多个项目"选项创建窗体

2. 以"分割窗体"方式创建窗体

首先打开导航窗格，在其中选择需要添加的窗体数据源文件，然后单击"创建"选项卡"窗体"组中的"其他窗体"下拉按钮，在弹出的下拉列表中选择"分割窗体"选项。系统将根据所选择的窗体数据源文件内容自动创建一个窗体，并以布局视图的形式显示窗体，如图 5-22 所示。若要添加某个字段，则需要在布局视图下，单击"窗体设计工具-设计"选项卡"工具"组中的"添加现有字段"按钮，则显示"字段列表"窗格并列出所有可用字段，只需将需要添加的字段拖放到窗体中的对应位置，即可完成字段的添加。若要删除某个字段，则需要在分割窗体的窗体区域将字段选中，然后按【Delete】键，此字段将同时从窗体和数据表中删除。

图 5-22　以"分割窗体"方式创建窗体

3. 以"模式对话框"方式创建窗体

首先打开导航窗格，在其中选择需要添加的窗体数据源文件，然后单击"创建"选项卡"窗体"组中的"其他窗体"下拉按钮，在弹出的下拉列表中选择"模式对话框"选项。系统将根据所选择的窗体数据源文件内容自动创建一个窗体，并以设计视图的形式显示窗体，如图 5-23 所示。此时，窗体网格中仅显示两个命令按钮控件，即"确定"和"取消"，单击命令按钮控件，可以对该命令按钮控件进行重命名。若要在窗体中添加字段，则需要单击"窗体设计工具-设计"选项卡"工具"组中的"添加现有字段"按钮，则显示"字段列表"窗格并列出所有可用字段，只需将需要添加的字段拖放到窗体中的对应位置，即可完成字段的添加。

图 5-23　以"模式对话框"方式创建窗体

4. 创建"数据透视表"式窗体

首先打开导航窗格，在其中选择需要添加的窗体数据源文件。然后单击"创建"选项卡"窗体"组中的"其他窗体"下拉按钮，在弹出的下拉列表中选择"数据透视表"选项。系统将根据所选择的窗体数据源文件内容自动创建一个窗体，并以数据透视表视图显示，如图 5-24 所示。

此时，可单击"数据透视表工具-设计"选项卡"显示/隐藏"组中的"字段列表"按钮，在打开的"数据透视表字段列表"窗格中选择所需的字段即可，如图 5-25 所示。只需将需要添加的字段拖放到窗体中的对应位置，即可完成字段的添加。

图 5-24 创建"数据透视表"式窗体

图 5-25 "数据透视表字段列表"窗格

5.3 窗体的设计

窗体是一个容器，可以包含其他对象，包含的对象称为控件。在窗体设计视图中，Access 2010 提供了一个控件组，用来生成可视化窗体。Access 2010 还提供了一个"属性表"窗格，用来设置窗体本身和窗体内各控件的一系列属性。控件组和"属性表"窗格是可视化设计中最基本的工具。

5.3.1 控件的概念

控件是放置在窗体中的图形对象，主要用于输入数据、执行操作等。在窗体中添加的每一个控件都是一个图形对象，如文本框、标签、命令按钮、复选框等。控件对象不仅可以添加在窗体中，也可以添加在报表或数据访问页的设计视图上，用来显示数据、执行操作等，使窗体或报表、数据访问页更易于阅读。在窗体上添加控件并设置其属性是窗体设计的主要内容之一。

Access 2010 提供了一个控件组，控件组是设计窗体最重要的工具。一般情况下，打开窗体设计视图后，控件组将被自动打开，如图 5-26 所示。控件组中各按钮的功能如表 5-1 所示。

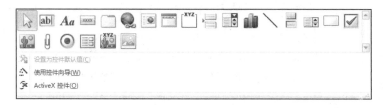

图 5-26　控件组

表 5-1　窗体中的控件及功能

控件按钮名称	图标	功能
选择		用于在设计视图中选定控件、节或窗体。单击该按钮可以释放以前在控件组中选中的控件按钮
文本框	abl	用于显示、输入或编辑数据库中的数据，还可以显示计算结果或接收用户输入的数据
标签	Aa	用于显示说明性文本信息，如窗体上的标题或说明信息等。标签不显示字段或表达式的值，它没有数据来源
按钮	xxxx	可以用来在窗体中执行一些操作。例如，可以创建一个命令按钮来打开另一个窗体等
选项卡		用于创建一个多页的选项卡窗体或选项卡对话框
超链接		创建指向网页、图片、电子邮件地址或程序的链接
选项组		选项组控件要与复选框、单选按钮或切换按钮搭配使用，用来显示一组可选值
插入分页符		主要用来在窗体中开始一个新的页面，或在打印窗体时开始一个新页
组合框		组合框控件结合了文本框和列表框的特点，用户既可以在其中输入数据，也可以在列表中选择选项
图表		可创建图表
直线		可以在窗体中画出各种样式的直线，用来突出相关或重要的信息
切换按钮		具有弹起和按下两种状态，可用作"是/否"型字段的绑定控件
列表框		主要用来显示可以滚动的数值列表。在窗体视图中，可以从列表框中选择值输入到新记录中，或者更改记录中的值
矩形		用于在窗体或报表中画矩形框
复选框		具有选中和取消两种状态，选中时，值为1；取消时，值为0
未绑定对象框		用于在窗体中显示非结合型 OLE 对象，如 Excel 电子表格等
附件		用于添加附件
单选按钮		具有选中和取消两种状态，作为互相排斥的一组选项中的一项
子窗体/子报表		可以在现有窗体中再创建一个与主窗体相联系的子窗体，用来显示更多的信息。也可以将已经存在的窗体通过控件加入另一个窗体
绑定对象框		用于在窗体中显示结合型 OLE 对象，但是该控件只是显示在窗体或报表中数据源字段中的结合型 OLE 对象
图像		用于在窗体中显示静态图片

5.3.2　常用的窗体控件

控件是窗体、报表中用于显示数据、执行操作或装饰窗体和报表的对象。例如，可以在窗体、报表中使用文本框显示数据，在窗体上使用命令按钮打开一个表及另一个窗体或报表，在窗体中添加线条或矩形来分隔控件以增强可读性。

控件类型可以分为绑定型、未绑定型和计算型 3 种。绑定型控件与表或查询中的字段相连，可用于显示、输入及更新数据库中的字段。未绑定型控件则没有数据源，使用未绑定型控件可以显示信息、线条、矩形或图像。计算型控件则以表达式作为数据源，表达式可以利用窗体的表或查询字段中的数据，或窗体上其他控件中的数据。下面介绍窗体中常用控件的应用。

1. 文本框控件

文本框控件是窗体中最常用的控件，它不仅可以用来显示、输入或编辑数据库中的数据，还可以显示计算结果或接收用户输入的数据。

文本框的类型分为绑定型、未绑定型和计算型 3 种。可以使用文本框来显示记录源上的数据，这种文本框类型称为绑定文本框，因为它与表或查询中的某个字段绑定。文本框也可以是未绑定的，这种文本框一般用来接收用户输入的数据，或作为计算控件在文本框中输入公式表达式或函数，以显示计算的结果。未绑定文本框中的数据不会被系统自动保存。

（1）创建绑定文本框

在使用"窗体向导"按钮创建的课程信息窗体中，文本框属于绑定文本框，例如，窗体显示的"课程号""课程名""类别"等字段的数据文本框都属于绑定文本框。通常添加文本框的方法是在字段列表中将字段拖动到窗体中，这里不再举例说明。

（2）创建未绑定文本框

未绑定文本框没有和表或查询中的字段相连接，文本框内显示"未绑定"。

创建 3 个未绑定文本框，用于接收乘数、被乘数和输入表达式，其中用于输入表达式的未绑定文本框属于计算文本框，用来显示乘积结果。具体操作步骤如下。

1）在"商品进销管理系统"数据库窗口的窗体对象中，单击"创建"选项卡"窗体"组中的"窗体设计"按钮，创建一个只有主体节的空白窗体。

2）选择"窗体设计工具-设计"选项卡"控件"组中的"文本框"控件，单击要放置第一个文本框窗体主体节位置，打开"文本框向导"对话框，如图 5-27 所示。

3）单击"完成"按钮，在窗体主体节中添加了一个未绑定文本框。

4）按照上述方法再添加两个文本框，并且依次将添加的控件标题命名为"被乘数""乘数""乘积"，如图 5-28 所示。

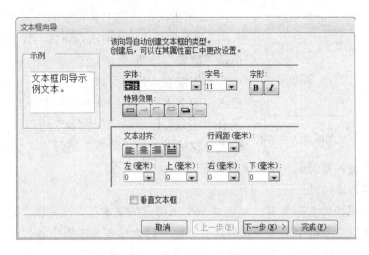

图 5-27　"文本框向导"对话框

5）单击"被乘数"标签所对应的第一个文本框，单击"窗体设计工具-设计"选项卡"工具"组中的"属性表"按钮，在打开的"属性表"窗格中查看文本框的"名称"属性，并记下，如为"Text0"。再用此方法查看"乘数"标签所对应的第二个文本框的名称；单击第三个未绑定文本框，将光标定位在文本框内，输入以等号开始的表达式"=[Text0]* [Text1]"，或者单击"窗体设计工具-设计"选项卡"工具"组中的"属性表"按钮，在打开的"属性表"窗格中，选择"全部"选项卡，在"控件来源"文本框中输入该表达式，如图 5-29 所示。

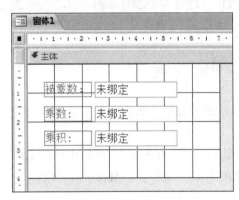

图 5-28　在窗体设计视图中创建 3 个文本框

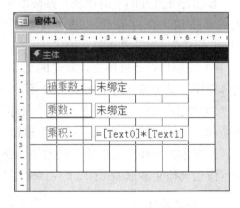

图 5-29　在文本框中输入的表达式

6）选择"窗体设计工具-设计"选项卡"视图"组"视图"下拉列表中的"窗体视图"选项，可以分别在第一个和第二个文本框中输入两个数值。例如，在第一个文本框中输入"3"，在第二个文本框中输入"4"，然后按【Enter】键，在第三个文本框中显示乘积，如图 5-30 所示。

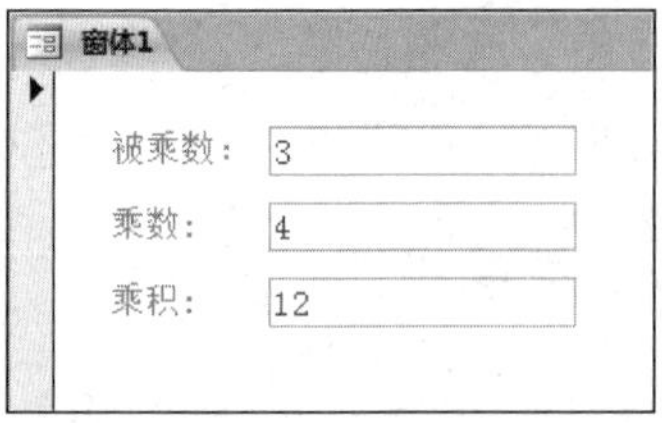

图 5-30　显示计算文本框表达式结果

7）单击快速访问工具栏中的"保存"按钮，在打开的"另存为"对话框中输入窗体名称"文本框应用"，单击"确定"按钮。

未绑定文本框也可以绑定到字段中，方法是单击要绑定的文本框，然后单击"窗体设计工具-设计"选项卡"工具"组中的"属性表"按钮，在打开的"属性表"窗格中选择"数据"选项卡，然后在"控件来源"文本框中输入要绑定的字段名称即可。

（3）创建计算控件

要创建计算控件实际上首先要创建一个未绑定的文本框，然后在"属性表"窗格中的"控件来源"文本框中输入计算表达式，也可以直接在文本框中输入计算表达式。

在输入计算表达式时，首先要输入一个等号（=）运算符。

将教师基本情况窗体中的"出生日期"改为"年龄"，具体操作步骤如下。

1）在"教务管理系统"数据库窗口的窗体对象中，选中"教师基本情况表"窗体，将其切换到设计视图中。

2）由于"年龄"是计算文本框，单击"窗体设计工具-设计"选项卡"控件"组中的"文本框"按钮，在窗体主体节中插入一个未绑定文本框，更改文本框的标签标题为"年龄"。

3）选择新建的文本框，单击"窗体设计工具-设计"选项卡"工具"组中的"属性表"按钮，在打开的"属性表"窗格中单击"数据"选项卡"控件来源"文本框右侧的生成器按钮，在打开的"表达式生成器"对话框的列表框中输入"=Year(Date())-Year([csrq])"，单击"确定"按钮。

4）在窗体设计视图中，新建的文本框中显示的表达式如图 5-31 所示，将其切换到窗体视图，显示操作结果如图 5-32 所示。

5）单击快速访问工具栏中的"保存"按钮，在打开的"另存为"对话框中输入窗体名称"添加年龄"，单击"确定"按钮。

在文本框控件的属性中，最常用的是"名称"和"控件来源"。属性中的"名称"项可作为其他文本框的引用，"控件来源"属性用于添加绑定字段列表中的字段。

2．标签控件

标签控件主要用来在窗体中显示说明性文本信息，如窗体上的标题或说明信息等。标签不显示字段或表达式的值，没有数据来源，它总是未绑定的。

标签可以附加到其他控件上。例如，创建文本框时，将有一个附加的标签显示文本框的标题，这种形式的标签在窗体或报表视图中显示的是字段标题。

图 5-31　计算年龄的文本框及表达式

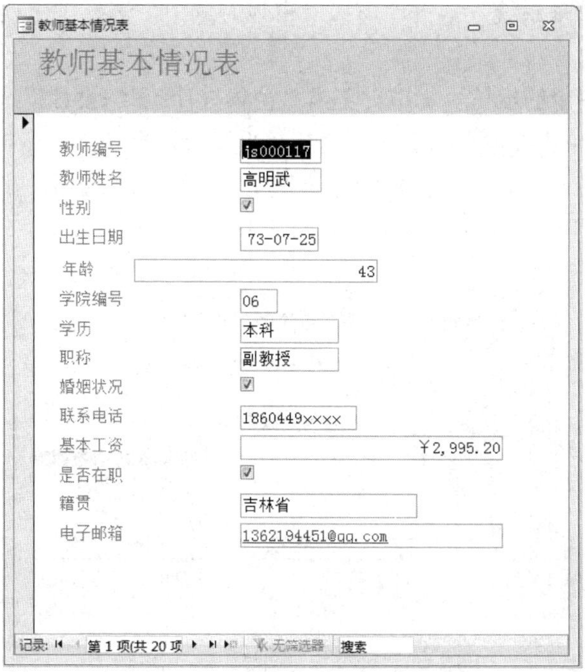

图 5-32　年龄文本框显示结果

使用控件组中的标签控件创建的标签是独立的标签，并不附加到任何其他控件上。这种形式的标签可用于显示标题或说明性信息。

创建标签的一般操作是，在窗体设计视图中创建或打开窗体，单击"窗体设计工具-设计"选项卡"控件"组中的"标签"按钮，在窗体中单击要放置标签的位置，然后在标签中输入相应的文本信息即可。

更改标签文本的一般操作是：单击标签控件，然后选中标签中的文本，输入新文本信息或修改文本信息即可。也可以单击"窗体设计工具-设计"选项卡"工具"组中的"属性表"按钮，在打开的"属性表"窗格的"格式"选项卡中，修改"标题"属性的内容。"标题"属性是标签控件的显示信息。

3. 按钮控件

在窗体上可以使用命令按钮来执行某个操作或某些操作。例如，可以创建一个命令按钮来浏览记录、添加记录或保存记录等。使用"命令按钮向导"可以创建不同类型的命令按钮。在使用"命令按钮向导"时，Access 2010 将自动为用户创建按钮及事件过程。

在学生信息窗体中分别添加"下一项记录""前一项记录""添加记录""保存记录""关闭窗体"按钮，具体操作步骤如下。

1）在"教务管理系统"数据库窗口的窗体对象中，选择学生信息窗体，并将其切换到设计视图。

2）在设计视图中的窗体页脚节，单击"窗体设计工具-设计"选项卡"控件"组中的"按钮"控件，单击要放置命令按钮的窗体页脚节，打开"命令按钮向导"对话框。

3）在对话框的"类别"列表框中，选择"记录导航"选项，在对应的"操作"列表框中选择"转至下一项记录"选项，如图 5-33 所示。

图 5-33　"命令按钮向导"对话框（1）

4）单击"下一步"按钮，为了在命令按钮上显示文本，选中"文本"单选按钮，默认文本框的内容为"下一项记录"，如图 5-34 所示。

5）单击"下一步"按钮，指定命令按钮的名称，在这里取默认文本框的名称，如图 5-35 所示。

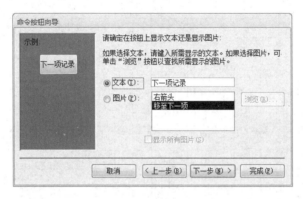

图 5-34　"命令按钮向导"对话框（2）

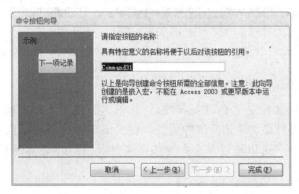

图 5-35　"命令按钮向导"对话框（3）

6）单击"完成"按钮，在窗体设计视图中添加了一个"下一项记录"命令按钮。

7）按照此方法分别创建其他 4 个命令按钮，添加"前一项记录"命令按钮的方法与添加"下一项记录"命令按钮的方法相同。添加"添加记录"命令按钮和"保存记录"命令按钮时，在"命令按钮向导"的第一个对话框中的"类别"列表框中选择"记录操作"选项，在对应的"操作"列表框中分别选择"添加记录"和"保存记录"选项；添加"关闭窗体"命令按钮时，在"命令按钮向导"的第一个对话框中的"类别"列表框中选择"窗体操作"选项，在对应的"操作"列表框中选择"关闭窗体"选项，添加后的效果如图 5-36 所示。

8）将其切换到窗体视图，分别单击各个命令按钮，查看各个命令按钮的执行效果。

9）单击快速访问工具栏中的"保存"按钮，在打开的"另存为"对话框中输入窗体名称，单击"确定"按钮，并关闭窗体窗口。

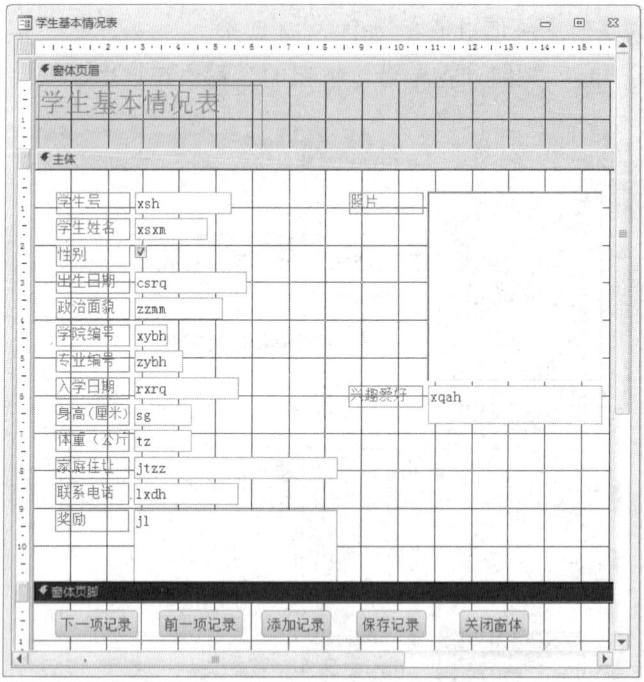

图 5-36　创建命令按钮控件

命令按钮的常用属性是"标题"属性，"标题"属性用于指定命令按钮上显示的文本；另一个常用的属性是"单击"事件属性，设置该事件可以调用执行"宏"或"宏组"中的操作命令。例如，可以通过单击命令按钮来打开指定的表、查询、窗体或报表等。

4. 选项卡控件

使用选项卡控件可以在一个窗体中显示多页信息，使用选项卡来进行分页，只需单击选项卡的标签，就可以进行页面切换。这对于处理可分为两类或多类的信息特别有用。

创建一个学生选课信息查询窗体，该窗体包含 3 个选项卡，分别显示学生基本情况表、课程信息表和学生选课表。具体操作步骤如下。

1）在"教务管理系统"数据库窗口的窗体对象中，单击"创建"选项卡"窗体"组中的"空白窗体"按钮，系统自动创建空白的新窗体。在空白窗体的设计视图中，单击"窗体设计工具-设计"选项卡"控件"组中的"选项卡控件"按钮，单击要放置选项卡的窗体主体节处，在主体节添加图 5-37 所示的选项卡。

2）在当前添加的选项卡的边框上右击，在弹出的快捷菜单中选择"插入页"选项，即在选项卡上添加了一个"页 3"标签，如图 5-38 所示。

3）选择"页 1"选项卡，单击"窗体设计工具-设计"选项卡"工具"组中的"属性表"按钮，在打开的"属性表"窗格中选择"全部"选项卡，在"标题"文本框中输入"学生信息"，然后关闭"属性表"窗格。用同样的方法，将"页 1"和"页 2"选项卡的标题属性改为"课程信息"和"选课信息"。单击"窗体设计工具-设计"选项卡"工具"组中的"添加现有字段"按钮，在打开的"字段列表"窗格中将所需的字段拖放到选项卡"页 1"的主体节中，如图 5-39 所示。

图 5-37　添加"选项卡控件"

图 5-38　插入页

图 5-39　"学生信息"选项卡的设置

4）重复步骤 3），从"字段列表"窗格中将所需的字段分别拖放到"课程信息"和"选课信息"选项卡的主体节中，如图 5-40 和图 5-41 所示。

5）切换到窗体视图，可以分别浏览不同选项卡中的内容。单击"保存"按钮，在打开的"另存为"对话框中输入窗体名称，单击"确定"按钮，并关闭窗体。

选项卡控件的常用属性有"标题""多行""样式""图片"等。"标题"属性用于指定选项卡上的显示文本；"多行"属性用于指定选项卡的标题是否在一个以上的行；"样式"属性用于指定在选项卡控件上方的显示内容；"图片"属性用于将图像添加到选项卡上。如果只显示图像而不显示文本，可以在"标题"属性中输入一个空格。

图 5-40　"课程信息"选项卡的设置　　　　图 5-41　"选课信息"选项卡的设置

5. 组合框和列表框

在某些情况下，从列表中选择一个值，要比记住一个值后输入它更快、更容易。列表框和组合框控件可以帮助用户方便地输入值，或用来确保在字段中输入的值是正确的。

列表框中的列表由数据行组成，在窗体或列表中可以有一个或多个字段，每栏的字段标题可以有也可以没有。如果在窗体中有空间要求并且需要可见的列表，或者输入的数据一定要限制在列表中，可以使用列表框。

在窗体中使用组合框可以节省一定的空间，可以从列表中选择值或输入新值。在组合框中输入数据或选择某个数据值时，如果该组合框是绑定的组合框，则输入值或选择值将插入组合框所绑定的字段内。组合框有"限于列表"属性，使用该属性控制列表的可输入数值或仅能在列表中输入符合条件的文本。

列表框的优点是列表随时可见，并且控制的值限制在列表中可选的项目中。但不能添加列表框中没有的值。组合框的优点是打开列表后才显示内容，在窗体中占用较少空间，可以在列表中选择，也可以输入文本，这是组合框和列表框的区别。

1）使用控件向导在学生信息窗体中创建"出生日期"列表框，具体操作步骤如下。

① 在"教务管理系统"数据库窗口的窗体对象中，复制学生信息窗体，将其粘贴为学生信息列表框练习窗体。

② 在"教务管理系统"数据库窗口的窗体对象中，选择学生信息列表框练习窗体，在设计视图下删除"出生日期"字段的文本框；调整其他字段的位置，为创建列表框留出一定的空间位置。

③ 单击"窗体设计工具-设计"选项卡"控件"组中的"列表框"按钮，在主体节中单击要放置"列表框"的位置，打开"列表框向导"对话框，选中"使用列表框获取其他表或查询中的值"单选按钮，如图 5-42 所示。

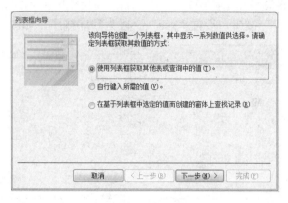

图 5-42　"列表框向导"对话框（1）

④ 单击"下一步"按钮，在"请选择为列表框提供数值的表或查询"列表框中选择"表：学生基本情况表"选项，默认视图为"表"，如图 5-43 所示。

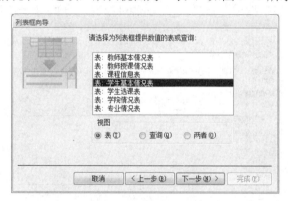

图 5-43　"列表框向导"对话框（2）

⑤ 单击"下一步"按钮，将"csrq"字段添加到"选定字段"列表框中，如图 5-44 所示。

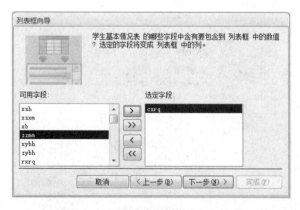

图 5-44　"列表框向导"对话框（3）

⑥ 单击"下一步"按钮，设置"xsh"字段为升序排序，如图 5-45 所示。

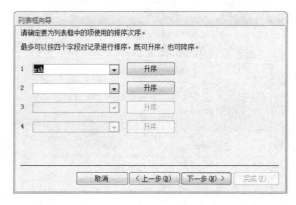

图 5-45　"列表框向导"对话框（4）

⑦ 单击"下一步"按钮，适当调整列表框中列的宽度，如图 5-46 所示。

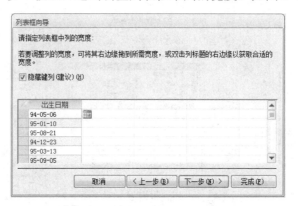

图 5-46　"列表框向导"对话框（5）

⑧ 单击"下一步"按钮，选中"记忆该数值供以后使用"单选按钮，如图 5-47 所示。

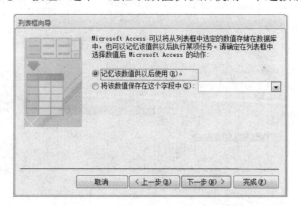

图 5-47　"列表框向导"对话框（6）

⑨ 单击"下一步"按钮，确定列表框标签名称，使用默认值"出生日期"，如图5-48所示。

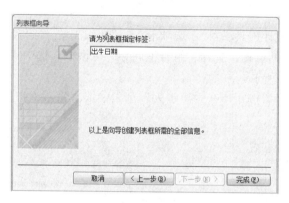

图5-48 "列表框向导"对话框（7）

⑩ 单击"完成"按钮，单击"窗体设计工具-设计"选项卡"工具"组中的"属性表"按钮，在打开的"属性表"窗格中选择"数据"选项卡，在"控件来源"下拉列表中选择"csrq"字段，关闭"属性表"窗格。将其切换到窗体视图，显示创建列表框的结果，如图5-49所示。

图5-49 显示创建列表框的结果

2）使用控件向导在学生信息窗体中创建"学生姓名"组合框，具体操作步骤如下。

① 在"教务管理系统"数据库窗口的窗体对象中，复制学生信息列表框练习窗体，将其粘贴为学生信息组合框练习窗体。

② 在"教务管理系统"数据库窗口的窗体对象中，选择学生信息组合框练习窗体，在设计视图下删除"学生姓名"字段的文本框；调整其他字段的位置，为创建组合框留出一定的空间位置。

③ 单击"窗体设计工具-设计"选项卡"控件"组中的"组合框"按钮，在主体节中单击要放置组合框的位置，打开"组合框向导"对话框，选中"自行键入所需的值"单选按钮，如图 5-50 所示。

④ 单击"下一步"按钮，在"第 1 列"列表中依次输入"张三""李四""王五"，如图 5-51 所示。

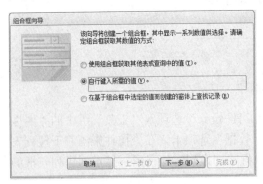
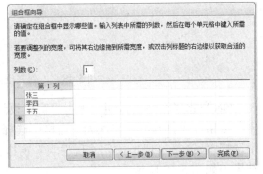

图 5-50 "组合框向导"对话框（1）　　　　图 5-51 "组合框向导"对话框（2）

⑤ 单击"下一步"按钮，选中"将该数值保存在这个字段中"单选按钮，在下拉列表中选择"xsxm"字段，如图 5-52 所示。

⑥ 单击"下一步"按钮，确定组合框标签名称，在文本框中输入"学生姓名"，如图 5-53 所示。

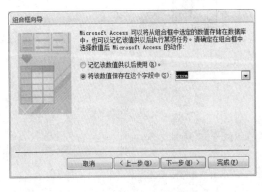
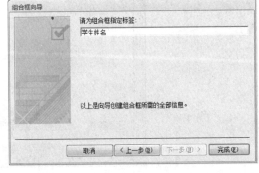

图 5-52 "组合框向导"对话框（3）　　　　图 5-53 "组合框向导"对话框（4）

⑦ 单击"完成"按钮，在窗体设计视图中调整组合框和附加的组合框标签的位置，将其切换到窗体视图，显示创建列表框的结果，如图 5-54 所示。

图 5-54　窗体视图显示设计组合框结果

列表框和组合框的常用属性如表 5-2 所示。

表 5-2　列表框和组合框的常用属性

属性	说明
控件来源	控件来源是指字段列表中的绑定字段
行来源类型	指定行来源的类型可以选择"表/查询""值列表""字段列表"
行来源	用于指定行来源类型中所对应的具体内容，如行来源属性设置为"表/查询"，在行来源中用来指定表、查询或 SQL 语句
列数	用于指定列表框或组合框的列数
列宽	用于指定每列的宽度
列标题	决定列表框或组合框的基础行来源的字段名是否用做组合框或列表框的列标题
绑定列	在绑定多列列表框或组合框中，指定哪个字段是与"控件来源"属性中指定的基础字段相绑定的
限于列表	决定组合框是接收文本输入还是接收符合列表中某个值的文本

6. 图像

可以使用位图文件（扩展名为.bmp 或.dib）、图元文件（扩展名为.wmf 或.emf）或其他图形文件，如 GIF 和 JPEG 文件来显示背景图像、绑定对象框、未绑定对象框或图像控件中的图像。

在"选项卡练习窗体"中创建"图像"控件，具体操作步骤如下。

1）在"教务管理系统"数据库窗口的窗体对象中，选择"选项卡练习窗体"，将其切换到设计视图。

2）在窗体的设计视图中选择选项卡控件，用鼠标将其向下拖动，留出放置图像控件的位置。单击"窗体设计工具-设计"选项卡"控件"组中的"图像"按钮，然后单击要放置图像控件的窗体主体节处，打开"插入图片"对话框。

3）在"插入图片"对话框中，选择要插入的图片文件，单击"确定"按钮，图片插入当前处，适当调整图片的大小和位置，如图 5-55 所示。

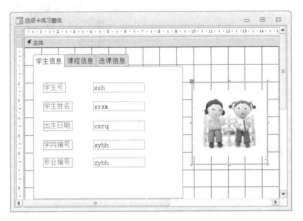

图 5-55　插入图片

4）将其切换到窗体视图，可以看到插入图像控件的效果。选择"文件"选项卡中的"对象另存为"选项，在打开的"另存为"对话框中输入窗体名称，单击"确定"按钮，并关闭窗体窗口。

5.3.3　控件的操作

用户可以在设计视图中对控件进行如下操作：通过鼠标拖动创建新控件、移动控件；通过按【Delete】键删除控件；激活控件对象，拖动控件的边界调整控件大小；利用"属性表"窗格改变控件属性；通过格式化改变控件外观，可以运用边框、粗体等效果；对控件增加边框和阴影等效果。

1. 添加控件

在"控件"组中单击控件，在窗体页眉节中拖动画一个矩形区域，释放鼠标即可。

2. 选择控件

在窗体的设计视图中才可以选择控件的操作，如表 5-3 所示。

表 5-3　选择控件的操作

选择	操作
一个字段	单击该字段

续表

选择	操作
相邻字段	单击其中的第一个字段，按住【Shift】键，然后单击最后一个字段
不相邻字段	按住【Ctrl】键并单击所要的每一个字段
所有字段（仅窗体或报表）	双击字段列表的标题栏

3. 取消控件

一般情况下，在选择另一个控件前，要取消对已选中控件的控制。单击窗体上不包含任何控件的区域，即可取消对已选中控件的控制。

4. 对齐控件

根据需要，可以对窗体中控件的对齐方式进行调整。

5. 移动控件

当选中某个控件后，把鼠标指针移到四周边框处，鼠标指针将显示为上下左右 4 个方向键的形状，用鼠标拖动即可移动控件。

6. 复制控件

复制控件可复制或移动诸如字段、控件、文本或宏操作等项。复制字段、控件或宏操作时，Access 2010 将会把所有与复制对象相关的属性、控件或操作参数包括在内。例如，复制文本框控件时，Access 2010 会同时复制其标签。通过单击行选定器复制文本框时，Access 2010 也会复制相关的操作参数、宏和条件表达式。但是，Access 2010 不复制与控件相关的事件过程。

选中窗体中的某个控件，或选中多个控件，单击"开始"选项卡"剪贴板"组中的"复制"按钮，然后确定要复制的控件位置，再单击"开始"选项卡"剪贴板"组中的"粘贴"按钮，将已选中的控件复制到指定的位置上，修改副本的相关属性，可大大提高控件的设计效率。

7. 删除控件

删除控件有以下两种方法。

1）选中窗体中的某个控件，或选中多个控件，然后按【Delete】键即可删除已选中的控件。

2）选中窗体中的某个控件，或选中多个控件，单击"开始"选项卡"剪贴板"组中的"剪切"按钮，即可删除已选中的控件。

5.3.4 窗体的属性

在设计视图中可以对窗体进行属性设置。

1）打开窗体"属性表"窗格的方法如下。

① 单击"窗体选定器"按钮，单击"窗体设计工具-设计"选项卡"工具"组中的"属性表"按钮。

② 右击"窗体选定器"按钮，在弹出的快捷菜单中选择"属性"选项。

③ 单击"窗体选定器"按钮，再按【F4】键。

④ 双击窗体左上角的"窗体选定器"按钮。

2）设置窗体属性的操作步骤如下。

① 在窗体的设计视图中，双击"窗体选定器"按钮，打开"属性表"窗格。

② 在"格式"选项卡、"数据"选项卡、"事件"选项卡、"其他"选项卡和"全部"选项卡中分别进行相应属性的设置。

3）修改"学院情况表"窗体的属性，具体要求如下。

① 将窗体标题改为"显示院系详细信息"。

② 将窗体边框改为"对话框边框"样式，取消窗体中的水平和垂直滚动条、记录选择器、导航按钮、最大最小化按钮和分隔线，效果如图 5-56 所示。

图 5-56 "显示院系详细信息"窗体

具体操作步骤如下。

① 打开"学院情况表"窗体的设计视图，如图 5-57 所示。

② 双击"窗体选定器"按钮，打开"学院情况表"窗体的"属性表"窗格。

③ 在"格式"选项卡中，设置窗体的标题为"显示院系详细信息"；在"滚动条"文本框右侧的下拉列表中选择"两者均无"选项；在"记录选择器"文本框右侧的下拉

列表中选择"否"选项；在"导航按钮"文本框右侧的下拉列表中选择"否"选项；在"分隔线"文本框右侧的下拉列表中选择"否"选项；在"边框样式"文本框右侧的下拉列表中选择"对话框边框"样式；在"最大最小化按钮"文本框右侧的下拉列表中选择"无"选项。

④ 单击快速访问工具栏中的"保存"按钮，保存该窗体的修改。

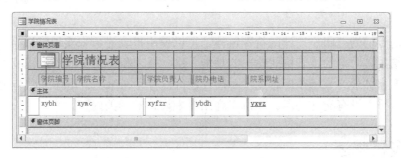

图 5-57　"学院情况表"窗体的设计视图

习题

1．简述窗体的功能。
2．窗体由哪几部分构成？各部分的作用是什么？
3．窗体按功能划分为哪几类？

第6章　报表的创建与使用

报表是专门为打印而设计的特殊窗体。可以使用报表对象来实现将数据综合整理，并将整理结果按一定的报表格式输出的功能。建立报表和建立窗体的过程基本一样，不同之处在于窗体最终显示在屏幕上，而报表还可以打印在纸上，窗体可以与用户进行信息交互，而报表没有交互功能。本章将介绍报表设计的相关内容。

6.1　报表概述

报表是 Access 2010 数据库的对象之一，其主要作用是比较和汇总数据，显示经过格式化且分组的信息，并将其打印出来。

6.1.1　报表的视图

Access 2010 的报表操作提供了 4 种视图，即报表视图、打印预览视图、布局视图和设计视图。报表视图可以对报表进行高级筛选；打印预览视图用于查看报表的页面数据输出形态；布局视图可以在显示数据的情况下，调整报表设计；设计视图用于创建和编辑报表的结构。

单击"报表布局工具-设计"选项卡"视图"组中的"视图"下拉按钮，在弹出的下拉列表中进行 4 种视图的切换。

6.1.2　报表的结构

打开一个报表设计视图，如图 6-1 所示。可以看出报表的结构由如下几部分区域组成。

1）报表页眉：在报表的开始处，用来显示报表的标题、图形或说明性文字，每份报表只有一个报表页眉。

2）页面页眉：用来显示报表中的字段名称或对记录的分组名称，报表的每一页有一个页面页眉。

3）主体：打印表或查询中的记录数据，是报表显示数据的主要区域。

4）页面页脚：打印在每页的底部，用来显示本页的汇总说明，报表的每一页有一个页面页脚。

5）报表页脚：用来显示整份报表的汇总说明，在所有记录都被处理后，只打印在报表的结束处。

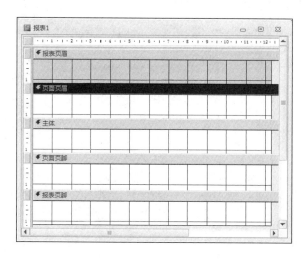

图 6-1   报表的组成区域

6.1.3   报表设计区

在报表的设计视图中，报表所包含的每一区域只会表示一次。在打印出来的报表中，某些区域可能会多次重复。通过放入一些控件项，如选项卡和文本框，可以决定在每一个区段中信息显示在何处。

1. 报表页眉节

报表页眉节中的任何内容都只能在报表的开始处，即报表的第一页打印一次。在报表页眉中，一般是以大字体将该份报表的标题放在报表顶端的一个标签中。在图 6-2 所示的"教师基本情况表"的设计视图中，报表页眉节内标题文字为"教师基本情况表"的标签控件，会显示在其对应的图 6-3 所示的打印预览视图中，报表输出内容的首页顶端作为报表标题。

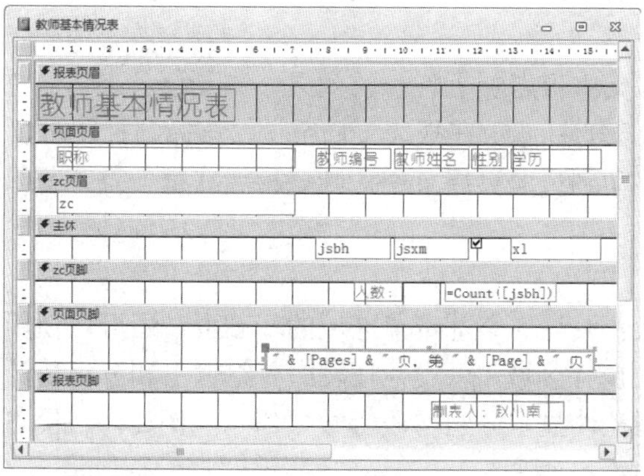

图 6-2   报表的设计视图

图 6-3　报表的打印预览视图

可以在报表中设置控件格式属性突出显示标题文字，也可以设置颜色或阴影等特殊效果，还可以在单独的报表页眉节中输入任何内容。一般来说，报表页眉节主要用在封面。

2. 页面页眉节

页面页眉节中的文字或控件一般输出显示在每页的顶端。通常，它是用来显示数据的列标题的。

在图 6-2 中，页面页眉节内安排的标题为"职称""教师编号""教师姓名"等的标签控件就会显示在报表每页的顶端作为数据列标题。在报表输出的首页，这些列标题显示在报表页眉节的下方。

可以给每个控件文本标题加上特殊的效果，如颜色、字体名称和字体大小等。

一般来说，把报表的标题放在报表页眉节中，该标题打印时仅在第一页的开始位置出现。如果将标题移动到页面页眉节中，则该标题在每一页上都显示。

3. 组页眉节

根据需要，在报表设计 5 个基本节区域的基础上，还可以使用"分组和排序"属性来设置"组页眉/组页脚"区域，以实现报表的分组输出和分组统计。组页眉节内主要安排文本框或其他类型控件显示分组字段等数据信息。例如，在图 6-2 所示的报表设计视图中，按职称分组的"zc 页眉"。

可以建立多层次的组页眉节及组页脚节，但不可分出太多的层（一般不超过 6 层）。

4. 主体节

主体节用来处理每条记录，其字段数据均需通过文本框或其他控件（主要是复选框和绑定对象框）绑定显示，可以包含计算的字段数据。在图 6-2 所示的报表设计视图中，主体节中包含"教师基本情况表"的 5 个字段绑定文本框。

根据主体节内字段数据的显示位置，报表又划分为多种类型，这将在 6.1.4 节中详细介绍。

5. 组页脚节

组页脚节内主要安排文本框或其他类型控件显示分组统计数据。

在实际操作中，组页眉节和组页脚节可以根据需要单独设置使用。单击"报表设计工具-设计"选项卡"分组和汇总"组中的"分组和排序"按钮，打开"分组、排序和汇总"窗格进行设定。例如，在图 6-2 所示的报表设计视图中，"zc 页脚"用来统计各个职称的人数。

6. 页面页脚节

页面页脚节一般包含页码或控制项的合计内容，数据显示安排在文本框和其他一些类型控件中。例如，在图 6-2 所示的报表的页面页脚节内插入一个文本框，其控件来源取值为"=共"&[Page]&"页，第"&[Pages]&"页"。

7. 报表页脚节

报表页脚节一般是在所有的主体节和组页脚节被输出完成后才会打印在报表的最后。通过在报表页脚节插入文本框或其他一些类型控件，可以显示整个报表的计算汇总或其他的统计数字信息。例如，在图 6-2 所示的报表页脚节插入一个标签框，其控件来源取值为"制表人：赵小南"。

6.1.4 报表的分类

报表主要分为以下 4 种类型。

1. 纵栏式报表

纵栏式报表也称为窗体报表，一般是在一页中的主体节内显示一条或多条记录，而且以垂直方式显示。纵栏式报表记录数据的字段标题信息与字段记录数据一起被安排在每页的主体节内显示。

这种报表可以安排显示一条记录的区域，也可同时显示一对多关系的"多"端的多条记录的区域，甚至包括合计。

2. 表格式报表

表格式报表是以整齐的行、列形式显示记录数据，通常一行显示一条记录、一页显示多行记录。表格式报表与纵栏式报表不同，其记录数据的字段标题信息不是被安排在每页的主体节内显示，而是安排在页面页眉节内显示。

可以在表格式报表中设置分组字段、显示分组统计数据。典型的表格式报表输出如图 6-3 所示。

3. 图表报表

图表报表指报表中的数据以图表格式显示，类似 Excel 中的图表，图表可直观地表示出数据之间的关系。图表报表是利用"图表"控件来创建的。

4. 标签报表

标签报表是一种特殊类型的报表。在实际应用中，经常会用到标签，如物品标签、客户标签等。

在各种类型报表的设计过程中，根据需要可以在报表页中显示页码、报表日期甚至使用直线或方框等来分隔数据。此外，报表设计可以同窗体设计一样设置颜色和阴影等外观属性。

6.2　使用报表向导创建报表

在 Access 2010 中，主要用两种方法来创建报表，即使用报表向导和报表设计视图（即报表设计器）创建报表，而使用报表向导又分为使用"报表""报表向导""空报表""标签向导"按钮 4 种方式。本节将介绍这 4 种使用报表向导创建报表的过程。

1. 使用"报表"按钮创建报表

报表功能是一种快速创建报表的方法。在设计时，先选择表或查询作为报表的数据源，然后选择报表，最后会自动生成报表并显示数据源中的所有字段记录数据。

例 6.1　创建"课程信息表"报表。

以"课程信息表"为数据源，使用"报表"按钮创建报表，命名为"课程信息表"。具体操作步骤如下。

1）打开数据库，在导航窗格中选中"课程信息表"。

2）单击"创建"选项卡"报表"组中的"报表"按钮。此时，屏幕上会显示新建的报表，并以布局视图显示，如图 6-4 所示。

3）单击快速访问工具栏中的"保存"按钮，打开"另存为"对话框，在"报表名称"文本框中输入报表名称"课程信息表"，单击"确定"按钮，保存该报表。

图6-4　"课程信息表"报表的布局视图

2. 使用"报表向导"按钮创建报表

要更好地选择哪些字段显示在报表上，可以使用"报表向导"按钮来创建报表，还可以指定数据的组合和排序方式。并且，如果事先指定了表与查询之间的关系，还可以使用来自多个表或查询的字段。

例6.2　创建"教师基本情况表"报表。

以"教师基本情况表"为数据源，使用"报表向导"按钮创建报表，以"xybh"字段分组，以"jsbh"字段升序排列，报表布局为"递阶"，命名为"教师基本情况表"。

具体操作步骤如下。

1）打开数据库，单击"创建"选项卡"报表"组中的"报表向导"按钮，打开"报表向导"对话框。在"表/查询"下拉列表中选择"表：教师基本情况表"选项，并将"可用字段"列表框中的相应字段添加到"选定字段"列表框中，如图6-5所示。

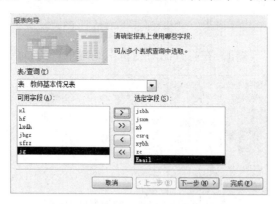

图6-5　"报表向导"对话框（1）

2）单击"下一步"按钮，在打开的对话框中定义分组的级别，这里选择"xybh"字段为分组级别，如图6-6所示。

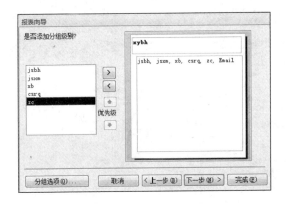

图 6-6 "报表向导"对话框（2）

3）单击"下一步"按钮，在打开的对话框中的第一个排序字段的下拉列表中选择
"jsbh"字段，升序排列，如图 6-7 所示。

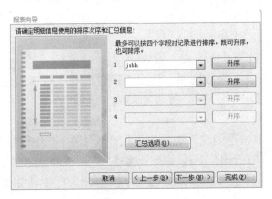

图 6-7 "报表向导"对话框（3）

4）单击"下一步"按钮，在打开的对话框中确定报表的布局方式，如图 6-8 所示。

图 6-8 "报表向导"对话框（4）

5）单击"下一步"按钮，在打开的对话框中为报表指定标题为"教师基本情况表"，如图 6-9 所示。

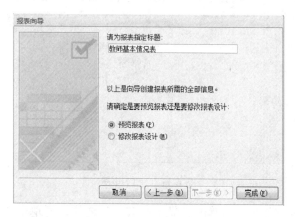

图 6-9 "报表向导"对话框（5）

6）单击"完成"按钮，将在打印预览视图中打开新创建的"教师基本情况表"的报表，如图 6-10 所示。

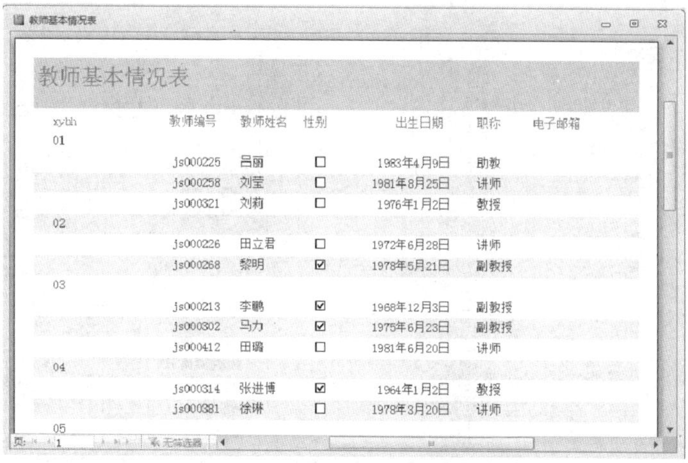

图 6-10 "教师基本情况表"报表

3. 使用"空报表"按钮创建报表

如果向导或报表创建工具不符合需要，可以使用"空报表"按钮创建报表，这是一种非常快捷的报表创建方式，尤其是只在报表上放置很少的几个字段时。

例 6.3 创建"学生成绩表"报表。

以"学生选课表"为数据源，使用"空报表"按钮创建报表，命名为"学生成绩表"。具体操作步骤如下。

1）打开数据库，单击"创建"选项卡"报表"组中的"空报表"按钮，Access 2010将在布局视图中打开一个空白报表，并显示"字段列表"窗格，如图 6-11 所示。

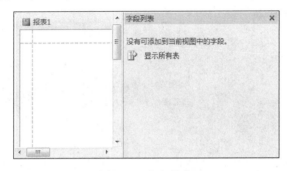

图 6-11　空白报表

2）在"字段列表"窗格中单击"显示所有表"链接，再单击要在报表上显示的字段所在表"学生选课表"旁边的加号。

3）将"学生选课表"中的"xsh""kch""xscj"字段拖动到报表中，如图 6-12 所示。

图 6-12　添加字段

4）单击快速访问工具栏中的"保存"按钮，打开"另存为"对话框，在"报表名称"文本框中输入报表名称"学生成绩表"，单击"确定"按钮，保存该报表。切换到报表视图，效果如图 6-13 所示。

4.　使用"标签"按钮创建报表

标签向导用于将 Access 2010 中的数据以标签形式显示出来，即用于快速制作标签报表。

学生号	课程号	学生成绩
201501110101	04000026	58
201501110101	05000001	83.5
201501110101	05000002	77
201501110202	05000001	67
201501110202	05000002	56.5
201502210102	04000026	92
201502220201	03000015	76
201502220201	04000026	49
201502220201	05000011	93
201505510101	03000015	89
201505510102	03000015	49
201505510102	05000001	73
201505510103	04000026	89
201506620102	03000015	73
201506620102	04000026	65
201506620102	05000011	82.5

图 6-13 "学生成绩表"报表

例 6.4 创建"学生信息表"报表。

以"学生基本情况表"为数据源,使用"标签"按钮创建报表,命名为"学生信息表"。

具体操作步骤如下。

1)打开数据库,在导航窗格中选中"学生基本情况表"。

2)单击"创建"选项卡"报表"组中的"标签"按钮。打开"标签向导"对话框,可以选择标准型号的标签,也可以自定义标签的大小,这里选择"C2166"标签样式,如图 6-14 所示。

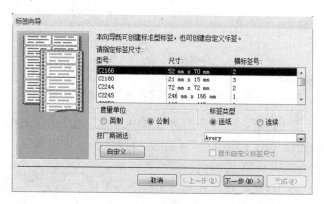

图 6-14 "标签向导"对话框(1)

3)单击"下一步"按钮,在打开的对话框中可以设置适当的字体、字号、字体粗细和文本颜色，如图 6-15 所示。

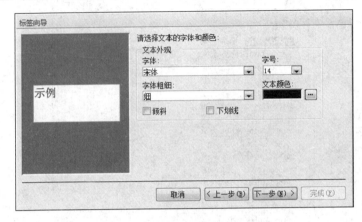

图 6-15　"标签向导"对话框（2）

4）单击"下一步"按钮，在打开的对话框中确定标签中要显示的内容和排列格式。首先在"原型标签"列表框中输入"学生号："，然后从"可用字段"列表框中选择"xsh"字段添加到"原型标签"列表框中，按【Enter】键。依次添加"xsxm"和"lxdh"字段，如图 6-16 所示。

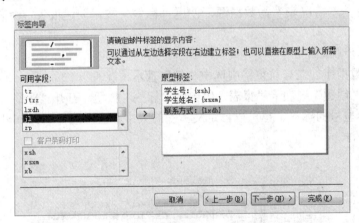

图 6-16　"标签向导"对话框（3）

5）单击"下一步"按钮，在打开的对话框中为标签选择排序依据。在"可用字段"列表框中列出的数据源所有字段中选择相应的排序依据，这里选择"xsh"字段到"排序依据"列表框中，如图 6-17 所示。

6）单击"下一步"按钮，在打开的对话框中为新建标签命名为"学生信息表"，如图 6-18 所示。

7）单击"完成"按钮，结果如图 6-19 所示。

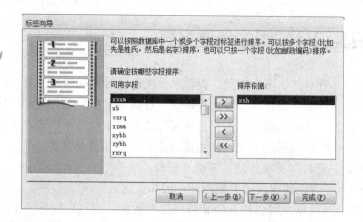

图 6-17   "标签向导"对话框（4）

图 6-18   "标签向导"对话框（5）

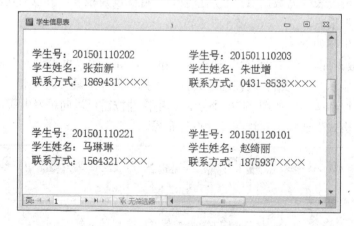

图 6-19   "学生信息表"报表

6.3　在报表设计视图中创建报表

在创建具有各种总计、多个字段、包含子报表等比较复杂的报表时，最有效的办法是使用报表的设计视图。在报表的设计视图中，可以定义报表的分组和排序；也可以添加数据源为复杂表达式的非综合型控件；还可以在报表中包含子报表，以及为各种控件创建事件过程以实现更高级的功能，如圈阅数据、设置条件格式等。

设计报表时主要对以下项目进行创建与修改。

1）记录源：更改创建报表的数据源——表和查询。

2）排序和分组数据：可以按升序和降序排列数据，也可以根据一个或多个字段对记录进行分组，并且在报表上显示小计和总计。

3）报表窗口：可以添加或删除"最大化"按钮和"最小化"按钮，更改标题栏文本及其他的报表窗口元素。

4）节：可以添加、删除、隐藏报表的页眉、页脚和主体节并调整其大小，也可以通过设置节属性以控制表的外观和打印。

5）控件：可以移动控件、调整控件大小或设置其字体属性；还可以添加控件以显示计算值、总计、当前日期与时间，以及其他有关报表的有用信息。

6.3.1　创建报表

使用设计视图可以创建报表向导无法创建的报表形式，它不仅可以创建一个新报表，还可以用来修改或进一步设计报表。

例 6.5　创建"院系"报表。

以"学院情况表"为数据源，使用报表设计视图创建报表，并以表格的形式显示，命名为"院系"报表。

具体操作步骤如下。

1）打开数据库，单击"创建"选项卡"报表"组中的"报表设计"按钮，在报表的设计视图中显示一个空白报表，同时会打开"报表设计工具"选项卡，在"设计"选项卡中显示各控件按钮，如图 6-20 所示。利用控件按钮可以向报表中添加各种控件，并可以利用"格式"选项卡对这些控件进行布局。

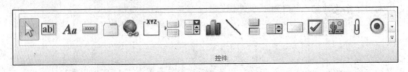

图 6-20　控件工具箱

2）在报表中右击，在弹出的快捷菜单中选择"报表页眉/页脚"选项，在报表中添加报表的页眉和页脚。这里在报表页眉节中添加一个标签控件，在标签属性的"标题"属性中或直接在标签中输入"学院情况表"，然后设置标签的字体为"隶书"、字号为26，并将文本居中显示，如图 6-21 所示。

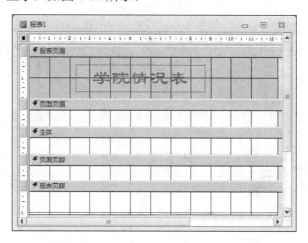

图 6-21　添加报表页眉/页脚的设计视图

3）在"字段列表"窗格中单击"显示所有表"链接，再单击要在报表上显示的字段所在表"学院情况表"旁边的加号，双击表中的所有字段，将其添加到报表主体节中，如图 6-22 所示。

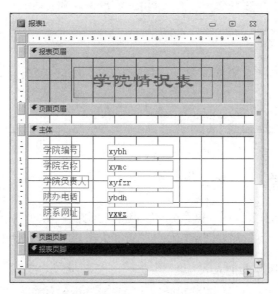

图 6-22　添加字段到主体区

4）按住【Shift】键分别将主体节中的 5 个标签控件选中，单击"开始"选项卡"剪贴板"组中的"剪切"按钮，选择页面页眉节，单击"开始"选项卡"剪贴板"组中的"粘贴"按钮，将其粘贴到页面页眉节中并将标签调整在一行，并调整页面页眉节的高度。然后将主体节中的文本框也调整为一行，并调整主体节的高度，如图 6-23 所示。

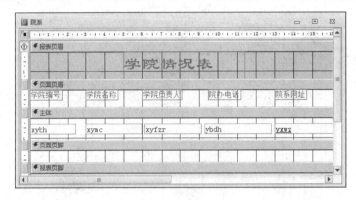

图 6-23 "院系"报表的设计视图

5）单击快速访问工具栏中的"保存"按钮，打开"另存为"对话框，在"报表名称"文本框中输入报表名称"院系"，单击"确定"按钮，保存该报表。切换到报表视图，效果如图 6-24 所示。

图 6-24 "院系"的报表视图

6.3.2 报表的布局

在报表窗口有若干个分区，每个分区实现的功能各不相同，由于各个控件在报表设计功能中的位置不同，可按需要调整控件的位置和大小，这就是设计/修改报表布局的内容。

1. 设置节的属性和大小

设置报表中各个节的属性的方法是，在报表设计视图下，在相应的节上的边框或任意空白处右击，在弹出的快捷菜单中选择"属性"选项，打开相应的"属性表"对话框，根据报表的需要输入相应的属性值。

设置节的大小有两种方法。

1）将鼠标指针放在节的下边缘或右边缘上，当鼠标指针变为垂直双向箭头或水平双向箭头时，拖动鼠标增大或缩小节的高度或宽度，当节调整为合适大小时释放鼠标。将鼠标指针放在节的右下角边缘，当鼠标指针变为倾斜双向箭头时，拖动鼠标可以同时增大或缩小节甚至整个报表的大小。

2）通过节的"属性表"窗格"格式"选项卡中的"高度"属性值来完成节的高度设置。节的宽度不能单独设置，可通过报表的"属性表"窗格"格式"选项卡中的"宽度"属性值设置，实现对整个报表的宽度设置。

2. 添加或删除报表页眉和页脚

在报表设计视图下，如果报表中不包含报表页眉和页脚，可在报表的标题栏上右击，在弹出的快捷菜单中选择"报表页眉/页脚"选项，可以实现对报表页眉和页脚的添加，否则使用该命令将删除报表页眉和页脚。

3. 添加或删除页面页眉和页脚

在报表设计视图下，如果报表中不包含页面页眉和页脚，可在报表的标题栏上右击，在弹出的快捷菜单中选择"页面页眉/页脚"选项，可以实现对页面页眉和页脚的添加，否则使用该命令将删除页面页眉和页脚。

4. 控件的操作

报表中的控件的操作有选中控件、移动控件、对齐控件和改变控件的大小。这些操作按钮在"报表设计工具-排列"选项卡中，如图6-25所示。

图6-25　"报表设计工具-排列"选项卡

5. 改变文本外观

在"报表设计工具-格式"选项卡中选择要设置文本格式的控件，改变控件中文本的字体、字号、颜色、边框、特殊效果和对齐方式等属性，如图6-26所示。

图6-26　"报表设计工具-格式"选项卡

6. 插入日期和时间

如果需要在报表中插入当前系统的日期和时间，可以按以下步骤操作。

1）选中要插入日期和时间的报表，将其切换到报表的设计视图。

2）单击"报表设计工具-设计"选项卡"页眉/页脚"组中的"日期和时间"按钮，打开"日期和时间"对话框，如图 6-27 所示。

3）在"日期和时间"对话框中的"包含日期"组中选择所需要的日期格式，在"包含时间"组中选择所需要的时间格式。

4）单击"确定"按钮，系统将一个表示日期和时间的文本框控件及其标签控件放置在报表的报表页眉节中，当在报表中没有报表页眉时，表示日期和时间的文本框控件及其标签控件被放在报表的主体节。可以使用鼠标将日期和时间控件拖动到报表的合适位置。

7. 插入页码

在报表的设计视图中为报表插入页码的操作步骤如下。

1）选中要插入页码的报表，将其切换到报表的设计视图。

2）单击"报表设计工具-设计"选项卡"页眉/页脚"组中的"页码"按钮，打开"页码"对话框，如图 6-28 所示。

图 6-27　"日期和时间"对话框

图 6-28　"页码"对话框

3）在"格式"组中选择所需要的页码格式，在"位置"组中选择所需要的页码位置，在"对齐"下拉列表中选择页码的对齐方式。如果需要在报表的第一页中显示页码，可以选中"首页显示页码"复选框。

4）设置完成后，单击"确定"按钮，系统将在指定的位置插入页码。

8. 定制颜色

在 Access 2010 中可以为报表中的各个节和控件设置背景颜色，具体操作步骤如下。

1）打开一个报表的设计视图，选择要设置颜色的节或控件。

2）单击"报表设计工具-格式"选项卡"控件格式"组中的"形状填充"下拉按钮，在弹出的下拉列表中选择需要的颜色即可。

9. 添加图片

在报表中可以添加图片，也可以为报表添加背景图片。

在报表中添加图片的操作步骤如下。

1）打开一个报表的设计视图，单击"报表设计工具-设计"选项卡"控件"组中的"图像"按钮，在报表要显示图片的位置单击。

2）在打开的"插入图片"对话框中选择图片文件，单击"确定"按钮。

3）可以直接用鼠标拖动图片控件上的控制点来调整图片的大小。

在报表中添加背景图片的操作步骤如下。

1）打开一个报表的设计视图，单击"报表设计工具-设计"选项卡"工具"组中的"属性表"按钮，打开报表的"属性表"窗格。

2）选择"格式"选项卡中的"图片"属性，单击"生成器"按钮，在打开的"插入图片"对话框中选择作为背景的图片文件，并对图片的其他属性进行设置，完成对报表背景的设置。

6.4 创建高级报表

有关报表的高级应用包括报表的排序与分组、分类汇总、多列报表和子报表的创建。本节将对这几种高级应用加以介绍。

6.4.1 报表的排序与分组

利用"报表向导"按钮建立报表时，很容易对报表中的记录进行分组和排序。但是，利用"报表"按钮建立的报表，主体节中的记录是不分组排序的，利用设计视图建立报表时，也需要对记录进行分组和排序。本节将学习在设计视图中对记录进行分组和排序的方法。

例 6.6 创建"学生成绩查询"报表。

以"学生基本情况表"为数据源创建一个报表，以"xsh"和"xsxm"字段分组，按"xsh"字段升序排序，显示学生的课程名称和分数，所创建的报表命名为"学生成绩查询报表"。

具体操作步骤如下。

1）打开数据库，单击"创建"选项卡"查询"组中的"查询设计"按钮，在打开的"显示表"对话框中，双击"表"选项卡中的"学生基本情况表""学生选课表""课程信息表"，如图 6-29 所示。

图 6-29　在查询设计器中添加表

2）双击"学生基本情况表"中的"xsh""xsxm"字段、"课程信息表"中的"kcm"字段和"学生选课表"中的"xscj"字段，如图 6-30 所示。

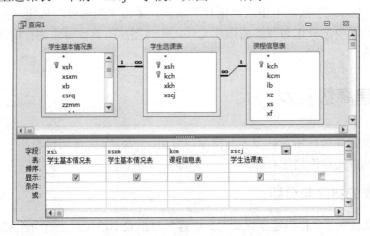

图 6-30　在查询设计器中添加字段

3）单击快速访问工具栏中的"保存"按钮，打开"另存为"对话框，在"查询名称"文本框中输入"学生成绩查询"，单击"确定"按钮。单击"查询工具-设计"选项卡"结果"组中的"运行"按钮，结果如图 6-31 所示。

4）单击"创建"选项卡"报表"组中的"报表设计"按钮，在报表的设计视图中显示一个空白报表，单击"报表设计工具-设计"选项卡"工具"组中的"属性表"按钮，打开"属性表"窗格，在"数据"选项卡中设置报表的记录源为"学生成绩查询"，如图 6-32 所示。

5）单击"工具"组中的"添加现有字段"按钮，打开"字段列表"窗格，双击列表中所需的所有字段，将其放到报表主体节中，如图 6-33 所示。

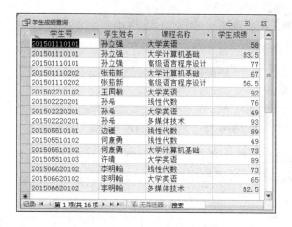

图 6-31   学生成绩查询

图 6-32   设置报表记录源

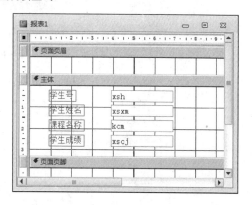

图 6-33   添加字段到主体区

6）按住【Shift】键分别将主体节中的 4 个标签控件选中，单击"开始"选项卡"剪贴板"组中的"剪切"按钮，选择页面页眉节，单击"开始"选项卡"剪贴板"组中的"粘贴"按钮，将其粘贴到页面页眉节中，并将标签调整在一行，调整页面页眉节的高度；然后将主体节中的文本框也调整为一行，并调整主体节的高度，如图 6-34 所示。

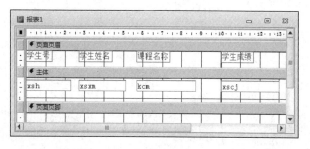

图 6-34   调整字段的位置

7）单击"报表设计工具–设计"选项卡"分组和汇总"组中的"分组和排序"按钮，

打开"分组、排序和汇总"窗格，如图 6-35 所示。

图 6-35 "分组、排序和汇总"窗格

8）单击"添加组"按钮，选择"选择字段"下拉列表中的"xsh"字段；单击"更多"按钮，显示更多选项，设置排序次序为"升序"，且有"有页眉节""有页脚节"选项，如图 6-36 所示。

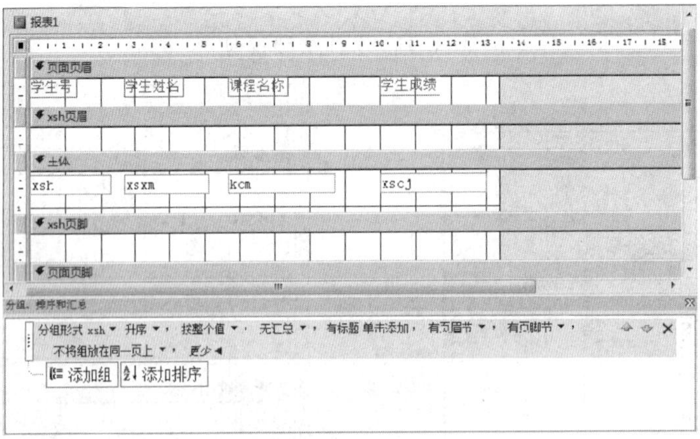

图 6-36 设置分组形式

9）将"xsh"和"xsxm"字段移动到"xsh 页眉"节。

10）单击快速访问工具栏中的"保存"按钮，打开"另存为"对话框，在"报表名称"文本框中输入报表名称"学生成绩查询"，单击"确定"按钮，保存该报表。切换到报表视图，效果如图 6-37 所示。

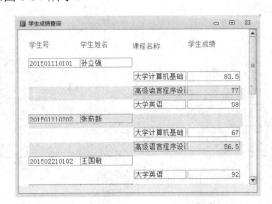

图 6-37 "学生成绩查询"报表

6.4.2 对报表进行分类汇总

用户往往需要对报表中的数据信息进行汇总统计，利用"报表向导"按钮建立报表时可以通过"汇总选项"来实现汇总。下面在设计视图中对报表进行汇总。

1. 在报表中计算所有记录或一组记录的总计值或平均值

接例 6.6，在"xsh 页脚"节上添加文本框，标签标题为"总分"，文本框"控件来源"设置成表达式"=Sum([xscj])"，文本框名称为"每个学生总分"。Sum 是求和的函数，类似地，也可以用 Avg 函数求平均值（注意：把计算文本框放在组页眉或组页脚中，可以计算出一组记录的总计值或平均值；放在报表页眉或报表页脚中，可以计算出所有记录的总计值或平均值），报表视图如图 6-38 所示，设计视图如图 6-39 所示。

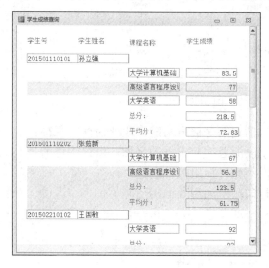

图 6-38　计算每个学生的各科总分和平均值

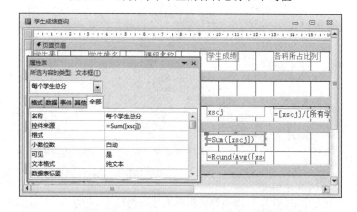

图 6-39　对每个学生总分字段汇总求和

2. 在报表主体节中对一个记录的计算

继续上面的例子，对主体节中的记录计算总计。在主体节中添加文本框，打开其"属性表"窗格，在"控件来源"中输入表达式"=[xscj]/[每个学生总分]"，"格式"设置为"百分比"，"小数位数"设置为 0，如图 6-40 所示。再在页面页眉节中对应的位置上添加标签"各科所占比例"，就在每条记录后添加了每个学生各科分数占总分的百分比。

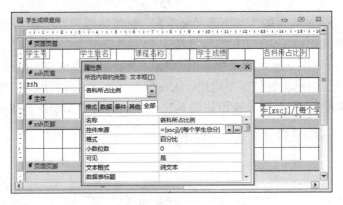

图 6-40　在主体节中添加计算控件

表达式中由方括号括起的是被引用的字段或控件的名称。这里的"[每个学生总分]"就是前面对"总分"字段汇总的文本框的名称。值得注意的是，在 Sum 和 Avg 等函数中只能使用字段名称，不允许使用控件名称。

修改完成的报表打印预览如图 6-41 所示。

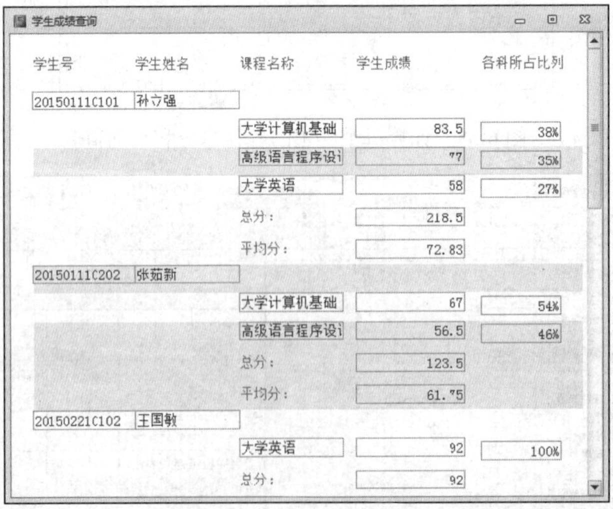

图 6-41　报表的打印预览

6.4.3 创建多列报表

多列报表最常用的是标签报表形式，可以将一个普通报表设置为一个多列的报表。

例6.7 将"学生信息表"报表设置为3列输出，横向打印，先列后行的形式。

具体操作步骤如下。

1）打开数据库，选择报表对象，右击"学生信息表"报表，在弹出的快捷菜单中选择"设计视图"选项，打开报表设计视图。

2）单击"报表设计工具-页面设置"选项卡"页面布局"组中的"页面设置"按钮，在打开的"页面设置"对话框中选择"列"选项卡。在"网格设置"组中的"列数"文本框中输入3，在"行间距"文本框中输入 0.5cm，在"列间距"文本框中输入0.5cm，在"列布局"组中选中"先列后行"单选按钮，如图6-42所示。

3）选择"页"选项卡，选中"方向"组中的"横向"单选按钮，将其切换到打印预览，显示结果如图6-43所示。

图6-42 "列"选项卡

图6-43 设置多列报表结果

6.4.4 创建子报表

在报表的设计和应用中，通过子报表可以建立一对多关系表之间的联系。利用主报表来显示"一"端的表的记录，用子报表来显示与"一"端表当前记录所对应的"多"端表的记录。

创建子报表的方法有两种：一种是在已有报表中创建子报表；另外一种是通过将某个已有报表添加到其他已有报表中来创建子报表。下面分别介绍这两种方法的使用。

1. 在已有报表中创建子报表

在创建子报表之前，应确保已经正确建立了表间关系。

例 6.8 利用"子窗体/子报表"控件创建"学生基本信息和成绩表"报表。

以"学生基本情况表"为数据源,创建一个主报表,显示学生部分信息;以"课程信息表"和"学生选课表"为数据源,利用"子窗体/子报表"控件创建子报表显示学生成绩。

1)在设计视图中创建报表,数据源为"学生基本情况表",报表布局如图 6-44 所示,将该报表作为主报表。

图 6-44 主报表

2)在设计视图中调整报表布局,在主体节中留出添加子报表的空间位置,确保已选中了"报表设计工具-设计"选项卡"控件"组中的"使用控件向导"选项。

3)单击"报表设计工具-设计"选项卡"控件"组中的"子窗体/子报表"按钮,单击报表主体节中要放置子报表的位置。

4)在打开的"子报表向导"对话框中选中"使用现有的表和查询"单选按钮,如图 6-45 所示。

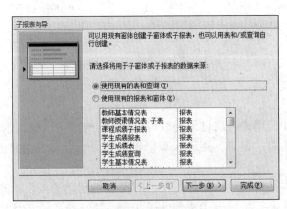

图 6-45 选择现有的表和查询

5)单击"下一步"按钮,在打开的对话框的"表/查询"下拉列表中选择"表:课程信息表"选项,将"可用字段"列表框中的"kcm"字段移动到"选定字段"列表框中；然后在"表/查询"下拉列表中选择"表：学生选课表"选项，将"可用字段"列表框中的"xscj"字段移动到"选定字段"列表框中，如图 6-46 所示。

图 6-46　确定子报表显示字段

6）单击"下一步"按钮，在打开的对话框中确定主报表和子报表的链接字段，这里选中"从列表中选择"单选按钮，如图 6-47 所示。

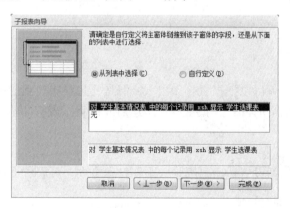

图 6-47　确定主/子报表的链接字段

7）单击"下一步"按钮，在打开的对话框中为子报表指定名称为"课程成绩"。

8）单击"完成"按钮，完成子报表的创建，切换到报表视图查看结果，如图 6-48 所示。

2. 将报表添加到其他已有报表中创建子报表

具体操作步骤如下。

1）在报表设计视图中打开希望作为主报表的报表。

2）选择"报表设计工具–设计"选项卡"控件"组中的"使用控件向导"选项。

3）按【F11】键切换到数据库窗口。

4）将报表或数据表从"数据库"的列表中拖动到主报表中需要出现子报表的节中即可。

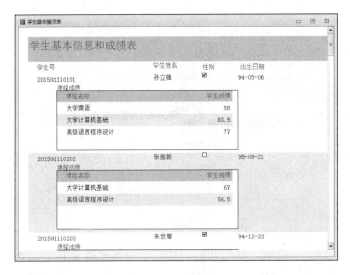

图 6-48　学生基本信息和成绩表

6.5　打印报表

报表设计完成后就可以把报表打印出来。但是要想打印美观的报表，在打印之前还需要合理设置报表的页面，直到预览效果满意后才可将报表打印输出。

1．页面设置

报表页面设置包括设置边距、纸张大小、打印方向、页眉、页脚样式等。页面设置的具体操作步骤如下。

图 6-49　"页面设置"对话框

1）打开数据库，在数据库对象列表中，选择要设置打印页面的报表对象，将其切换到设计视图。

2）单击"报表设计工具-页面设置"选项卡"页面布局"组中的"页面设置"按钮，打开"页面设置"对话框，如图 6-49 所示。

3）在该对话框中，有"打印选项"、"页"和"列"3 个选项卡，分别用于设置报表的边距、页和列的属性。

① 打印选项：设置页边距并确认是否只打印数据。

② 页：设置打印方向、页面大小、纸张来源和

指定打印机。

③ 列：设置窗体、报表等的列数、大小和列的布局，还可以进行网格设置。

2．预览报表

预览报表的目的就是将在屏幕上模拟打印机的实际效果。为了保证打印出来的报表满足要求且外形美观，通过预览显示打印页面，以便发现问题，进行修改。

在打印预览视图中，有"单页"、"双页"和"其他页面"按钮，通过单击不同的按钮，以不同数量页方式预览报表，还可以选择不同显示比例预览报表。

3．打印报表

经过最后的预览、修改后，就可以打印了。打印就是将报表送到打印机输出。打印报表的操作步骤如下。

1）打开数据库，在数据库对象列表中选择要打印的报表对象。

2）单击"文件"选项卡中的"打印"按钮，打开"打印"对话框，如图 6-50 所示。

图 6-50　"打印"对话框

3）在"打印"对话框中设置打印范围、打印份数等参数后，单击"确定"按钮开始打印。

习题

1．简述报表的作用。

2．简述报表提供的 4 种视图方式和作用。

3．列出报表完整的设计结构。

4．简述报表的类型和用途。

5．简述报表的数据源有哪些。

6．列出创建报表的几种方式。

7．简述创建子报表的方法。

第 7 章　宏的创建与使用

前面介绍了表、查询、窗体、报表等数据库对象，这些对象都具有强大的功能，如果将这些数据库对象的功能组合在一起，即可完成数据库的各项数据管理工作。但这些数据库对象都是彼此独立的且不能相互驱动，要使 Access 2010 的众多数据库对象成为一个整体，以一个应用程序的界面展示给用户，就必须借助于代码类型的数据库对象。宏对象便是此类数据库对象中的一种。

7.1　宏概述

宏是一种简化用户操作的工具，是提前设置好的动作列表的集合，每个动作完成一个特定的操作。运行宏时，Access 2010 就会按照所定义的操作顺序依次执行。对于一般用户来说，使用宏是一种更简洁的方法，它不需要编程，也不需要记住各种语法，只要将所执行的操作、参数和条件输入到宏窗口中即可。

1. 宏的基本概念

宏是由一个或一个以上的宏操作构成的，并且能够依次执行这些宏操作的数据库对象。每个宏操作执行一个特定的数据库操作动作。宏可以独立存在，但通常是和命令按钮控件一起出现，通过驱动命令按钮而运行。例如，单击某个命令按钮，打开表、打印某份报表等。

Access 2010 提供了 50 多个宏操作命令，这些宏操作几乎涉及数据库的每一个操作动作，用户在使用宏时，只需给出操作的名称、条件和参数，通过运行宏就能够自动执行一系列的操作。一般情况下，使用宏操作基本上能够实现数据库的各项管理工作。之所以说 Access 2010 是一种不用编程的关系数据库管理系统，是因为它拥有一套功能完善的宏操作。当然，宏的功能终究有限，数据库的复杂操作和维护还需要通过编写 VBA 来实现。实际上，在 Access 2010 中，宏被看作 VBA 的辅助编程方法。关于 VBA 编程将在第 8 章中介绍。

2. 常用的宏操作

由于宏操作的种类繁多，表 7-1 中列出了 Access 2010 中一些常用的宏操作及其功能。

表 7-1　常用的宏操作及其功能

分类	宏操作	主要功能
打开或关闭数据库对象	OpenForm	打开窗体
	OpenModule	打开指定的模块
	OpenQuery	打开查询
	OpenReport	打开报表
	OpenTable	打开数据表
	Close	关闭打开的数据库对象
记录操作	GoToRecord	指定当前记录
	FindRecord	查找满足条件的第一条记录
	FindNext	查找满足条件的下一条记录，通常与 FindRecord 宏操作搭配使用
更新	Requery	刷新活动对象控件中的数据
设置值	SetValue	设置窗体或报表中字段、控件的属性值
重命名	Rename	重新命名当前数据库中指定的对象名称
复制	CopyObject	将指定的某个数据库对象复制到当前数据库或另一个 Access 2010 数据库中
删除	DeleteObject	删除指定的数据库对象
运行代码	RunApp	运行指定的外部应用程序，如 Windows 或 DOS 应用程序
	RunSQL	运行指定的 SQL 语句
	RunMacro	运行指定的宏
	QuitAccess	退出 Access 2010
导入、导出数据	TransferDatabase	在 Access 2010 数据库与其他数据库之间导入、导出数据
	TransferText	在 Access 2010 数据库与文本文件之间导入、导出数据
提示信息	Beep	通过个人计算机的扬声器发出嘟嘟声
	MsgBox	显示包含警告信息或其他信息的消息框
	SetWarnings	打开或关闭系统消息

3. 宏和宏组

就单个宏操作而言，其功能是很有限的，因为它只能完成一个特定的数据库操作动作。但是当众多的宏操作串联在一起，被依次连续地执行时，就能够执行一个较复杂的任务。

Access 2010 中的宏可以是包含操作序列的一个宏，也可以是某个宏组，宏组由若干个宏组成。宏组有助于数据库的管理。另外，还可以使用条件表达式来决定在什么情况下运行宏，以及在运行宏时某项操作是否进行。根据以上 3 种情况，可以将宏分为操作序列宏、包含条件操作的宏和宏组。

如图 7-1 所示就是一个宏组，它由两个宏组成，分别是"宏 1"和"宏 2"，其中"宏 2"中的操作 Beep 是让计算机发出一种警告声。

作为宏，运行它时将顺序地执行它的每一个操作，但作为宏组，并不是顺序地执行每个宏。宏组只是对宏的一种组织方式，宏组并不可执行，可执行的是宏组中的各个宏。

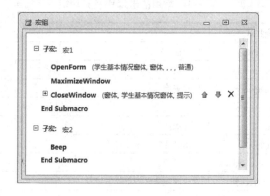

图 7-1　宏组

4. 条件宏

从前面的介绍中已经了解宏中的操作是顺序执行的，但在使用中常常会遇到分支情况或判断是否继续执行的情况。基于此，Access 2010 提供了操作是否执行的条件判断，只有该操作符合一定条件时，它才可以执行。

如图 7-2 所示就是一个条件宏,功能为判断窗体中的密码框中输入的密码是否正确。如果正确，则打开一个主窗体；否则弹出一个消息框，提示"您的密码输入有误，请核对后再重新输入！"。

图 7-2　条件宏

7.2　宏的创建与设计

在 Access 2010 中创建宏是一件非常轻松的事情，通过使用 Access 2010 丰富的宏功能将会发现，如果只是做一个小型的数据库，程序的流程用宏就可以实现。

1. 宏设计器

Access 2010 提供了用于创建宏的新设计器，此新设计器的一些优点包括以下几点。

1）操作目录：宏操作按类型组织，并且可以搜索。

2）IntelliSense：输入表达式时，IntelliSense 会提示可能的值，让用户在其中选择一个正确的值。

3）键盘快捷方式：使用组合键可以更加快速轻松地编写宏。

4）程序流程：使用注释行和操作组创建可读性更高的宏。

5）条件语句：允许更复杂的逻辑执行，支持嵌套的 If/Else/Else If。

6）宏重复使用：操作目录显示用户已创建的其他宏，让用户能够将它们复制到正在使用的宏中。

7）更轻松的共享：复制宏，然后以 XML 格式将其粘贴到电子邮件、新闻组文章、博客或代码示例网站中。

当用户首次打开宏生成器时，会显示宏窗口和"操作目录"窗格，如图 7-3 所示。

图 7-3　宏设计窗口

图 7-4　宏操作列表

"添加新操作"下拉列表提供用户选择各种操作的宏，如图 7-4 所示。当用户在该文本框中输入操作名称时，系统会自动显示提示，以减少错误的发生。

2．创建与设计独立的宏

此过程可以创建独立的宏对象，这些宏对象将显示在导航窗格中的"宏"下。如果希望在应用程序的很多位置重复使用宏，则独立的宏是非常有用的。通过从其他宏调用宏，可以避免在多个位置重复相同的代码。

如果把宏命名为 Autoexec，则称其为自动运行宏。如果数据库中有名为 Autoexec 的宏，则在打开数据库时会自动运行该宏。因此，如果用户想在打开数据库时自动执行某些操作，可以通过自动运行宏实现。要想在打开数据库时取消自动运行宏，则应在打开数据库时按住【Shift】键。

例 7.1　创建一个独立的宏，命名为"打开教师基本情况报表"，功能是打开已经创建的"教师基本情况报表"。

具体操作步骤如下。

1）打开数据库，单击"创建"选项卡"宏与代码"组中的"宏"按钮，打开宏设计器。

2）在"添加新操作"文本框中输入"OpenReport"操作命令，或者在下拉列表中选择该命令，然后在"报表名称"下拉列表中选择"教师基本情况表"选项，如图 7-5 所示。

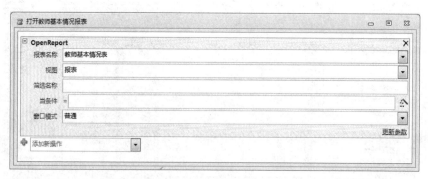

图 7-5　创建宏

3）在宏设计窗口中，单击快速访问工具栏中的"保存"按钮，打开"另存为"对话框，在"宏名称"文本框中输入宏名"打开教师基本情况报表"，再单击"确定"按钮保存宏，结束宏的创建。

4）单击"宏工具-设计"选项卡"工具"组中的"运行"按钮，运行该宏，查看效果。

例 7.2 创建一个名为"多操作宏"的宏，功能为依次打开"学生基本情况表"、"课程信息表"和"中等成绩学生信息查询"。

具体操作步骤如下。

1）打开数据库，单击"创建"选项卡"宏与代码"组中的"宏"按钮，打开宏设计器。

2）在"添加新操作"文本框中输入"OpenTable"操作命令，或者在下拉列表中选择该命令，然后在"表名称"下拉列表中选择"学生基本情况表"选项（功能为打开"学生基本情况表"）。

3）在"添加新操作"文本框中输入"OpenTable"操作命令，或者在下拉列表中选择该命令，然后在"表名称"下拉列表中选择"课程信息表"选项（功能为打开"课程信息表"）。

4）在"添加新操作"文本框中输入"OpenQuery"操作命令，或者在下拉列表中选择该命令，然后在"查询名称"下拉列表中选择"中等成绩学生信息查询"选项（功能为打开"中等成绩学生信息查询"），效果如图 7-6 所示。

图 7-6 最后的效果

5）在宏设计窗口中，单击快速访问工具栏中的"保存"按钮，打开"另存为"对话框，在"宏名称"文本框中输入宏名"多操作宏"，单击"确定"按钮保存宏，结束多操作宏的创建。

6）单击"宏工具-设计"选项卡"工具"组中的"运行"按钮，运行该宏，查看效果。

3. 创建与设计宏组

如果有多个宏，可将相关的宏设置成宏组，以便于用户管理数据库，使用宏组可以方便地管理宏。

在导航窗格窗格只显示宏组名称。如果要指定宏组中的某个宏，应使用的格式为宏组名.宏名。如果直接运行宏组，则只执行最前面的宏。

例 7.3 创建一个宏组并命名为"宏组_报表操作"，宏组的具体操作如表 7-2 所示。

表 7-2 报表操作宏组

宏名	宏操作	功能
学生情况	OpenReport	查看学生的基本情况
教师情况	OpenReport	查看教师的基本情况
关闭报表	CloseWindow	关闭报表

具体操作步骤如下。

1）打开数据库，单击"创建"选项卡"宏与代码"组中的"宏"按钮，打开宏设计器。

2）选择"添加新操作"下拉列表中的"Submacro"宏，或将其从"操作目录"窗格中拖放到宏窗口中，如图 7-7 所示。

3）输入子宏的名称"学生情况"，在"添加新操作"文本框中输入"OpenReport"操作命令，或者在下拉列表中选择该命令，然后在"报表名称"下拉列表中选择"学生基本情况表"选项。填写后的效果如图 7-8 所示。

图 7-7 创建子宏

图 7-8 "学生情况"子宏

4）选择"添加新操作"下拉列表中的"Submacro"宏，输入子宏的名称"教师情况"，在"添加新操作"文本框中输入"OpenReport"操作命令。然后在"报表名称"

下拉列表中选择"教师基本情况表"选项，完成"教师情况"子宏的创建。

5）选择"添加新操作"下拉列表中的"Submacro"宏，输入子宏的名称"关闭报表"，在"添加新操作"文本框中输入"CloseWindow"操作命令。然后在"对象类型"下拉列表中选择"报表"选项，在"对象名称"下拉列表中选择"学生基本情况表"选项，在"添加新操作"文本框中输入"CloseWindow"操作命令，然后在"对象类型"下拉列表中选择"报表"选项，在"对象名称"下拉列表中选择"教师基本情况表"选项，完成"关闭报表"子宏的创建，效果如图 7-9 所示。

6）在宏设计器中，单击快速访问工具栏中的"保存"按钮，打开"另存为"对话框。在"宏名称"文本框中输入宏名"宏组_报表操作"，单击"确定"按钮保存宏组，结束包含多个宏操作的宏组的创建，效果如图 7-10 所示。

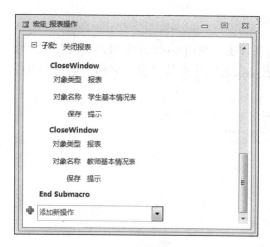

图 7-9 "关闭报表"子宏

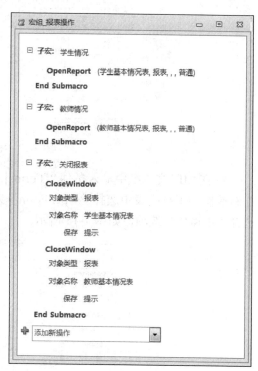

图 7-10 宏组的设计视图

4. 创建与设计条件宏

有时用户可能希望仅仅在某些条件成立的情况下才在宏中执行某个或某些操作，这时可使用 If 块，它可以取代早期版本的 Access 中使用的"条件"列。也可以使用 Else If 和 Else 块来扩展 If 块。

例 7.4 创建一个条件宏，命名为"验证密码"，功能为判断"条件宏示例"窗体上的密码框（名称为"password"）中输入的密码是否正确（这里的密码暂定为"123456"）。

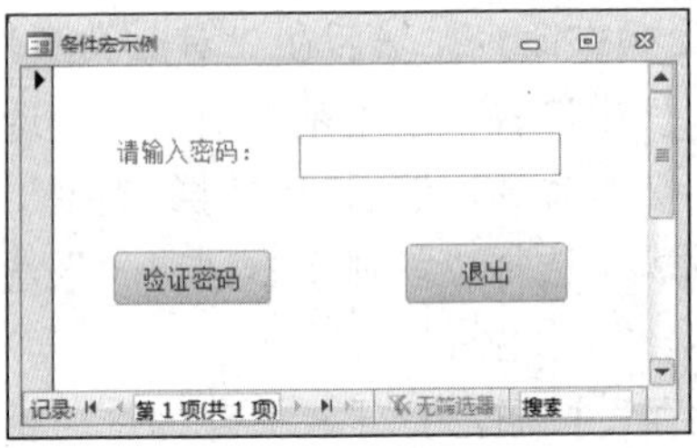

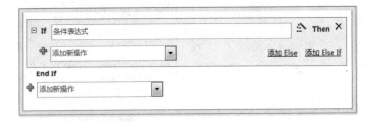

图 7-11 "条件宏示例"窗体视图

如果正确，则打开主窗体；否则弹出一个消息框，提示"您的密码输入有误，请核对后再重新输入！"。

具体操作步骤如下。

1）建立一个窗体，如图 7-11 所示。

2）单击"创建"选项卡"宏与代码"组中的"宏"按钮，打开宏设计器。

3）选择"添加新操作"下拉列表中的"If"选项，或将其从"操作目录"窗格中拖放到宏窗口中，如图 7-12 所示。

图 7-12 添加 If 操作

4）在"If"文本框中输入条件"[Forms]![条件宏示例]![password]="123456""，在"添加新操作"下拉列表中选择"OpenForm"宏，在宏操作参数"窗体名称"下拉列表中选择"主窗体"选项，如图 7-13 所示。

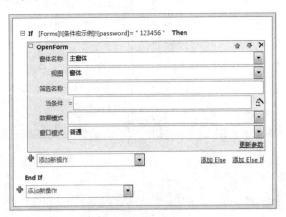

图 7-13 添加 If 条件

5）在该块的右下角单击"添加 Else"链接。在"添加新操作"下拉列表中选择"MessageBox"宏，在宏操作参数"消息"文本框中输入"您的密码输入有误，请核对后再重新输入！"，如图 7-14 所示。

图 7-14　添加 Else 条件

6）单击快速访问工具栏中的"保存"按钮，打开"另存为"对话框。在"宏名称"文本框中输入宏名"验证密码"，再单击"确定"按钮保存宏。

7.3　宏的运行、调试和修改

在执行宏时，Access 2010 将从第一行的宏启动，并执行宏中符合条件的操作，直至宏组中的另一个宏或到宏的结束为止。可以从其他宏或事件过程中直接执行宏，也可将执行宏作为对窗体、报表、控件中发生的事件做出的响应。如前所述，可以将某个宏附加到窗体的命令按钮上，这样在用户单击按钮时就会执行相应的宏；也可创建执行宏的自定义菜单命令或按钮，或将某个宏指定到组合键中，或者在打开数据库时自动执行宏。

当创建一个宏后需要对宏所实现的功能进行检查，Access 2010 提供了两个工具，以帮助用户解决在使用宏时遇到的问题。

1．宏的运行

用户可以直接执行创建好的宏，通常有如下几种执行方法。

1）在导航窗格中双击相应的宏名执行该宏。

2）在宏设计视图中，单击"宏工具-设计"选项卡"工具"组中的"运行"按钮执行宏。

3）使用"RunMacro"或"OnError"宏操作调用宏。

4）在对象的事件属性中输入宏名称，宏将在该事件触发时运行。

例 7.5 把宏组"宏组_报表操作"放到"宏组示例"窗体上相应按钮的单击事件中。具体操作步骤如下。

1）建立一个窗体，如图 7-15 所示。

2）切换到窗体的设计视图，选中第一个命令按钮"学生情况"并右击，在弹出的快捷菜单中选择"属性"选项，打开命令按钮的"属性表"窗格，在"事件"选项卡中的"单击"属性右侧的下拉列表中选择宏对象"宏组_报表操作.学生情况"，如图 7-16 所示。

3）用同样的方法，给第二个命令按钮设置宏对象"宏组_报表操作.教师情况"，给第三个命令按钮设置宏对象"宏组_报表操作.关闭报表"。

图 7-15 "宏组示例"窗体视图

图 7-16 宏组"事件"选项卡

4）单击快速访问工具栏中的"保存"按钮，保存窗体的修改。

5）切换到窗体视图，单击各个按钮查看效果。

例 7.6 打开窗体"条件宏示例"的设计视图，将例 7-4 中创建的宏"验证密码"加入到窗体中"验证密码"（名称为 check）按钮的"单击"事件，切换到窗体视图进行验证。

图 7-17 条件宏"事件"选项卡

具体操作步骤如下。

1）打开"条件宏示例"窗体的设计视图。

2）右击"验证密码"命令按钮，在弹出的快捷菜单中选择"属性"选项，打开命令按钮的"属性表"窗格，在"事件"选项卡中的"单击"属性右侧的下拉列表中选择宏对象"验证密码"，如图 7-17 所示。

3）切换到"条件宏示例"窗体的窗体视图，在密码框中输入密码，单击"验证密码"按钮进行验证。

2. 宏的调试

在执行宏得到异常的结果时，可以使用宏的调试工具。在 Access 2010 中可以采用宏的单步执行，单步执行是一种宏调试模式，可用于每次执行一个宏操作。执行每个操作后，将打开一个对话框，显示关了操作的信息，以及由于执行操作而出现的错误代码。

要启动单步执行模式，可执行下列操作。

1）在设计视图中打开宏。

2）单击"宏工具–设计"选项卡"工具"组中的"单步"按钮。

3）保存并关闭宏。

下一次运行宏时，将打开"单步执行宏"对话框。该对话框显示关于每个操作的以下信息：宏名称、条件（对于 If 块）、操作名称、参数、错误号（错误号 0 表示没有发生错误）。

执行这些操作时，可单击对话框中 3 个按钮中的某一个。

1）若要查看关于宏中的下一个操作信息，可单击"单步执行"按钮。

2）若要停止当前正在运行的所有宏，可单击"停止所有宏"按钮，下一次运行宏时，单步执行模式仍然有效。

3）若要退出单步执行模式并继续运行宏，可单击"继续"按钮。

3. 宏的修改

在对宏进行调试的过程中，对宏操作的运行结果进行分析后，需要修改宏的内容，而修改宏仍将在宏设计窗口中进行。

具体操作步骤如下。

1）打开数据库。

2）在导航窗格的宏对象中选择要修改的宏并右击，在弹出的快捷菜单中选择"设计视图"选项，打开宏的设计视图。

3）在宏的设计视图中，可以修改宏的操作及相应的参数，最后保存宏，结束宏的修改。

习题

1. 简述宏的定义和功能。
2. 简述序列宏、条件宏和宏组的运行过程。
3. 简述自动运行宏的命令。
4. 简述运行宏的方法。

第 8 章　模块和 VBA 编程

前面各章介绍的内容大多是用户通过交互式操作创建数据库对象，并通过数据库对象的操作来管理数据库。虽然 Access 2010 的交互操作功能强大，易于掌握，但是在实际的数据库应用系统中还是希望尽量通过自动操作达到数据库管理的目的。应用程序设计语言在开发中的应用，可大大加强对数据管理应用功能的扩展。Microsoft Office 中包含 VBA，VBA 具有与 Visual Basic 相同的功能。VBA 为 Access 2010 提供了无模式用户窗体及支持附加的 ActiveX 控件等功能。

8.1　模块概述

模块是由过程组成的，过程是将 VBA 的声明、语句集合在一起，作为一个命名单位的程序段。模块中的每一个过程都可以由一个函数过程或一个子程序组成，以实现某个特定的功能。

8.1.1　模块的类型

Access 2010 有两种类型的模块：标准模块和类模块。

1. 标准模块

标准模块一般用于存放其他 Access 2010 数据库对象使用的公共过程。在 Access 2010 系统中可以通过新建的模块对象进入其代码设计环境。标准模块通常安排一些公共变量或过程以供类模块中的过程调用。在各个标准模块内部也可以定义私有变量和私有过程以供本模块内部使用。

标准模块中公共变量和公共过程具有全局特性，其作用范围为整个应用程序，生命周期伴随着应用程序的运行或关闭而开始或结束。

2. 类模块

类模块是包含类定义的模块，包括其属性和方法的定义。

类模块有 3 种基本形式：窗体类模块、报表类模块和自定义类模块，它们各自与某一窗体或报表相关联。为窗体（报表）创建第一个事件过程时，Access 2010 将自动创建与之关联的窗体或报表模块。单击窗体（报表）设计视图"工具"组中的"查看代码"

按钮, 可以查看窗体 (报表) 的模块代码。

无论是哪一种模块, 都是由一个模块通用声明部分及一个或多个过程 (也称子程序) 或函数组成的。

模块的通用声明部分用来对要在模块中或模块之间使用的变量、常量、自定义数据类型及模块级 Option 语句进行声明。

模块中可以使用的 Option 语句包括 Option Base 语句、Option Compare 语句、Option Explicit 语句和 Option Private 语句。

这 4 种 Option 语句的常用格式如下。

1) Option Base 1: 声明模块中数组下标的默认下界为 1, 不声明则为 0。

2) Option Compare Database: 声明模块中需要字符串比较时, 将根据数据库的区域 ID 确定的排序级别进行比较; 不声明则按字符的 ASCII 码进行比较。Option Compare Database 只能在 Access 中使用。

3) Option Explicit: 强制模块中用到的变量必须先进行声明。这是所有开发人员都要遵循的一种用法。

4) Option Private Module: 在允许引用跨越多个工程的主机应用程序中使用, 可以防止在模块所属的工程外引用该模块的内容。在不允许这种引用的主机应用程序中, Option Private 不起作用。

在通用声明部分的所有 Option 语句之后, 才可以声明模块级的自定义数据类型和变量, 然后才是过程和函数的定义。

8.1.2　模块的组成

过程是模块的组成单元, 由 VBA 代码编写而成。过程分两种类型: Sub 子过程和 Function 过程。

1) Sub 子过程执行一系列操作, 无返回值。

Sub 子过程定义的语法结构如下:

```
Sub 子程序名()
    [程序代码]
End Sub
```

可以引用过程名直接调用该子过程, 也可以加关键字 Call 来调用一个子过程。在过程名前加上关键字 Call 是一个好的程序设计习惯。

2) Function 过程又称为函数过程, 其执行一系列操作, 有返回值。

Function 过程定义的语法结构如下:

```
Function 函数名([参数]) As 数据类型
    [程序代码]
End Function
```

函数过程不能使用关键字 Call 来调用,而是直接引用函数过程名,并由接在函数过程名后的括号所辨别。

8.1.3　将宏转换为模块

使用 Access 2010 自动将宏转换为 VBA 模块或类模块,可以转换附加到窗体或报表的宏,而不管它们是作为单独的对象存在还是作为嵌入的宏存在,还可以转换未附加到特定窗体或报表的全局宏。

1. 转换附加到窗体或报表的宏

此过程将窗体或报表(或其中的任意控件)引用(或嵌入在其中)的任意宏转换为VBA,并向窗体或报表的类模块中添加 VBA 代码。该类模块将成为窗体或报表的组成部分,并且如果窗体或报表被移动或被复制,它也随之移动。

将附加到窗体或报表的宏转换为 VBA 代码的操作步骤如下。

1)在导航窗格中,右击窗体或报表,在弹出的快捷菜单中选择"设计视图"选项。

2)单击"设计"选项卡"工具"组中的"将窗体的宏转换为 Visual Basic 代码"按钮或"将报表的宏转换为 Visual Basic 代码"按钮。

3)在打开的"转换窗体宏"或"转换报表宏"对话框中,选择是否希望 Access 2010向生成的函数中添加错误处理代码。此外,如果宏内有注释,要选择是否希望将它们作为注释包括在函数中,然后单击"转换"按钮。

如果该窗体或报表没有相应的类模块,Access 2010 将创建一个类模块,并为与该窗体或报表关联的每个宏向该模块中添加一个过程。Access 2010 还会更改该窗体或报表的事件属性,以便它们运行新的 VBA 过程,而不是宏。

4)查看和编辑 VBA 代码。

① 当窗体或报表在设计视图中打开时,如果"属性表"窗格尚未打开,可使用【F4】键来打开它。

② 在"属性表"窗格的"事件"选项卡中,在显示事件过程的任一属性框中右击,在弹出的快捷菜单中选择"生成器"选项。若要查看特定控件的事件属性,应单击该控件以将其选中。若要查看整个窗体或报表的事件属性,应在"属性表"窗格顶部的下拉列表中选择"窗体"或"报表"选项。

2. 转换全局宏

将全局宏转换成 VBA 代码的操作步骤如下。

1)在导航窗格中,右击要转换的宏,在弹出的快捷菜单中选择"设计视图"选项。

2)单击"宏设计-设计"选项卡"工具"组中的"将宏转换为 Visual Basic 代码"按钮。

3)在打开的"转换宏"对话框中,选择所需的选项,然后单击"转换"按钮。Access

2010 将转换宏并打开 Visual Basic 编辑器。

4）查看和编辑 VBA 代码。

① 在 Visual Basic 编辑器中，如果"工程资源管理器"窗格未显示，则选择"视图"→"工程资源管理器"选项。

② 展开在其中工作的数据库名称下面的列表。

③ 在"模块"下双击模块，Visual Basic 编辑器将打开该模块。

3. 将 VBA 函数附加到事件属性

当将全局宏转换为 VBA 时，VBA 代码将被放在标准模块中。与类模块不同，标准模块不是窗体或报表的组成部分。如果希望将该函数与窗体、报表或控件上的事件属性相关联，以便代码能够精确地在希望的时间和位置运行，可以将 VBA 代码复制到类模块中，然后将其与一个事件属性相关联；也可以使用以下过程在事件属性中执行一次特殊的调用，以调用该标准模块。

1）在 Visual Basic 编辑器中，记录函数名称。例如，如果转换名为 MyMacro 的宏，则函数名称将为 MyMacro()。

2）关闭 Visual Basic 编辑器。

3）在导航窗格中，右击要将函数与之关联的窗体或报表，在弹出的快捷菜单中选择"设计视图"选项。

4）单击要将函数与之关联的控件或节。

5）如果"属性表"窗格尚未打开，可按【F4】键来打开它。

6）在"属性表"窗格的"事件"选项卡中，单击要将函数与之关联的事件文本框。

7）在该文本框中，输入一个等号（=），后跟函数的名称，如"=MyMacro()"（括号必须有）。

8）单击快速访问工具栏中的"保存"按钮来保存窗体或报表。

9）在导航窗格中双击该窗体或报表，并测试及查看代码是否按照预期的方式运行。

8.1.4　在模块中执行宏

在模块的定义过程中，使用 DoCmd 对象的 RunMacro 方法可以执行设计好的宏。其调用格式如下。

```
DoCmd.RunMacro  MacroName[, RepeatCount][, RepeatExpression]
```

其中，MacroName 表示当前数据库中宏的有效名称。如果在类库数据库中运行包含 RunMacro 方法的 Visual Basic 代码，Access 2010 将在该类库数据库中查找具有该名称的宏，而不会在当前数据库中查找。RepeatCount 为可选项，它是数值表达式，结果为一个整数值，表示宏的运行次数。RepeatExpression 为可选项，它是数值表达式，在宏每次运行时计算一次。当结果为 False（0）时，宏停止运行。

8.1.5　面向对象程序设计概念

Access 2010 除了支持过程编程之外，还支持面向对象的程序设计机制。Access 2010 支持面向对象的程序设计。面向对象的编程是指在编程的过程中是以表、查询、窗体、报表等对象来编程的，主要考虑如何创建它们，而不需要用一系列的程序代码来编写出这些对象。因此，面向对象的编程非常直观。另外，不需要用语句来构造这些对象，如在数据库窗口中单击窗体对象，在设计视图中通过选择工具栏中的选项，像画图一样将窗体中所需要的对象画出来，其大小和位置也不需用精确的数字来表示（可以在属性窗口中查到精确值），使编程变得非常简单。

1.　集合和对象

Access 2010 采用面向对象程序开发环境，其数据库窗口可以方便地访问和处理表、查询、窗体、报表、宏和模块对象。VBA 中可以使用这些对象及范围更广泛的一些可编程对象。

对象是面向对象程序设计的基本单元，是一种将数据和操作过程结合在一起的数据结构，每个对象都有自己的属性和事件。对象的属性按其类别会有所不同，而且同一对象的不同实例属性的构成也可能有差异。对象除了属性以外还有方法，对象的方法就是对象可以执行的行为。

Access 2010 应用程序由表、查询、窗体、报表、宏和模块对象列表构成，形成不同的类。Access 2010 数据库窗体左侧显示的是数据库的对象类，单击其中的任一对象类，就可以列出相应的对象。其中有些对象内部，如窗体、报表等，还可以包含其他对象控件。Access 2010 中，控件外观和行为可以自行设置和定义。

集合表达的是某类对象所包含的实例构成。

2.　属性和方法

属性和方法描述了对象的性质和行为，其引用方式如下。

```
对象.属性
对象.行为
```

Access 2010 中的对象可以是单一对象，也可以是对象的集合。例如，Caption 属性表示"标签"控件对象的标题属性，Reports.Item(0)表示报表集合中的第一个报表对象。数据库对象的属性均可以在各自的设计视图中通过"属性表"窗格进行浏览和设置。

Access 2010 应用程序的各个对象都有一些方法可供调用。了解并掌握这些方法的使用可以极大地增强程序功能，从而写出优秀的 Access 2010 程序。

Access 2010 中除数据库的几个对象外，还提供一个重要的对象：DoCmd 对象。它的主要功能是通过调用包含在内部的方法来实现 VBA 编程中对 Access 2010 的操作，具体内容详见 8.6.1 节。

3. 事件和事件过程

事件是 Access 2010 窗体或报表及其上的控件等对象可以"辨识"的动作。例如，单击按钮、打开窗体或报表等。在 Access 2010 数据库系统中，可以通过两种方式来处理窗体、报表或控件的事件响应：一是使用宏对象来设置事件属性，二是为某个事件编写 VBA 代码过程，完成指定动作，这样的代码过程称为事件过程或事件响应代码。

Access 2010 窗体、报表和控件的事件有很多，主要对象事件如表 8-1 所示。

表 8-1　Access 2010 中的主要对象事件

对象名称	事件动作	动作说明
窗体	OnLoad	窗体加载时发生事件
	OnUnLoad	窗体卸载时发生事件
	OnOpen	窗体打开时发生事件
	OnClose	窗体关闭时发生事件
	OnClick	单击窗体时发生事件
	OnDblClick	双击窗体时发生事件
	OnMouseDown	在窗体按下鼠标左键时发生事件
	OnKeyPress	在按键时发生事件
	OnKeyDown	在按下键时发生事件
报表	OnOpen	报表打开时发生事件
	OnClose	报表关闭时发生事件
命令按钮控件	OnClick	单击按钮时发生事件
	OnDblClick	双击按钮时发生事件
	OnEnter	按钮获得焦点之前发生事件
	OnGetFoucs	按钮获得焦点时发生事件
	OnMouseDown	在按钮上按下鼠标左键时发生事件
	OnKeyPress	在按钮上按键时发生事件
	OnKeyDown	在按钮上按下键时发生事件
标签控件	OnClick	单击标签时发生事件
	OnDblClick	双击标签时发生事件
	OnMouseDown	在标签上按下鼠标左键时发生事件
文本框控件	BeforeUpdate	文本框内容更新前发生事件
	AfterUpdate	文本框内容更新后发生事件

续表

对象名称	事件动作	动作说明
文本框控件	OnEnter	文本框获得输入焦点之前发生事件
	OnGetFocus	文本框获得输入焦点时发生事件
	OnLostFocus	文本框失去输入焦点时发生事件
	OnChange	文本框内容更新时发生事件
	OnKeyPress	在文本框内按键时发生事件
	OnMouseDown	在文本框内按下鼠标左键时发生事件
组合框控件	BeforeUpdate	组合框内容更新前发生事件
	AfterUpdate	组合框内容更新后发生事件
	OnEnter	组合框获得输入焦点之前发生事件
	OnGetFocus	组合框获得输入焦点时发生事件
	OnLostFocus	组合框失去输入焦点时发生事件
	OnClick	单击组合框时发生事件
	OnDblClick	双击组合框时发生事件
	OnKeyPress	在组合框内按键时发生事件
选项组控件	BeforeUpdate	选项组内容更新前发生事件
	AfterUpdate	选项组内容更新后发生事件
	OnEnter	选项组获得输入焦点之前发生事件
	OnClick	单击选项组时发生事件
	OnDblClick	双击选项组时发生事件
单选按钮控件	OnKeyPress	在单选按钮上按键时发生事件
	OnGetFocus	单选按钮获得输入焦点时发生事件
	OnLostFocus	单选按钮失去输入焦点时发生事件
复选框控件	BeforeUpdate	复选框更新前发生事件
	AfterUpdate	复选框更新后发生事件
	OnEnter	复选框获得输入焦点之前发生事件
	OnClick	单击复选框时发生事件
	OnDblClick	双击复选框时发生事件
	OnGetFocus	复选框获得输入焦点时发生事件

8.2 VBA 概述

VBA 和 Visual Basic 同样是用 BASIC 语言来作为语法基础的可视化高级语言，都使用了对象、属性、方法和事件等概念，只不过中间有些概念所定义的群体内容有些细微差别。这是由于 VBA 是应用在 Microsoft Office 产品内部的编程语言，具有明显的专用性，初学者在编程的过程中感到十分容易，这是 VBA 的优点之一。

8.2.1　VBA 简介

　　Visual Basic 是 Microsoft 公司推出的可视化 BASIC 语言，用它来编程非常简单。因为其简单且功能强大，所以 Microsoft 公司将它的一部分代码结合到 Office 中，形成 VBA。它的很多语法都继承自 Visual Basic，所以可以像编写 Visual Basic 程序那样来编写 VBA 程序。当这段程序编译通过以后，Office 将这段程序保存在 Access 2010 中的一个模块里，并通过类似在窗体中激发宏的操作那样来启动这个模块，从而实现相应的功能。

　　VBA 提供了一个编程环境，应用它可以自行定义应用程序以扩展 Office 的性能，将 Office 与其他软件相集成，并使 Office 成为一系列商务管理中的重要环节。使用 VBA 构建定制程序可以使用户充分利用 Office 提供的功能和服务。

8.2.2　VBA 编程环境

　　Microsoft Office 中提供的 VBA 开发界面称为 VBE（Visual Basic editor），在 VBE 中可编写 VBA 函数和过程。Access 2010 的 VBE 界面与 Word、Excel 和 PowerPoint 的 VBA 开发界面基本一致。

1. VBE 界面

　　在 Access 2010 中，可以用多种方式来打开 VBE 窗口。

　　1）按【Alt+F11】组合键（按该组合键还可以在数据库窗口和 VBE 之间进行切换）。

　　2）先选择数据库窗口中的模块，然后双击所要打开的模块名称，即可打开 VBE 窗口并显示该模块的内容。

　　3）单击数据库窗口"创建"选项卡"宏与代码"组中的"模块"或"类模块"按钮，在 VBE 中创建一个空白模块。

　　4）在数据库窗口中，单击"数据库工具"选项卡"宏"组中的"Visual Basic"按钮，打开 VBE 窗口。

　　用 VBE 打开一个已有数据库中的模块时，界面如图 8-1 所示。VBE 界面由主窗口、工程资源管理器窗口、属性窗口和代码窗口组成。通过主窗口的"视图"菜单可以显示其他窗口，包括对象窗口、对象浏览器窗口、立即窗口、本地窗口和监视窗口，这些窗口可以方便用户开发 VBA 应用程序。

　　（1）菜单

　　VBE 窗口中有文件、编辑、视图、插入、调试、运行、工具、外接程序、窗口和帮助 10 个菜单，各菜单的说明如表 8-2 所示。

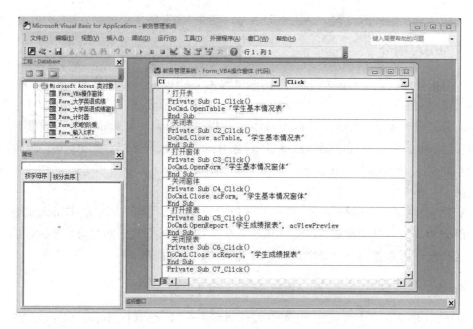

图 8-1　在 VBE 中打开模块

表 8-2　菜单及其说明

菜单	说明
文件	文件的保存、导入、导出等基本操作
编辑	基本的编辑命令
视图	控制 VBE 的视图
插入	进行过程、模块、类或文件的插入
调试	调试程序的基本命令，包括监视、设置断点等
运行	运行程序的基本命令，如运行、中断等命令
工具	用来管理 Visual Basic 类库等的引用、宏及 VBE 编辑器的选项
外接程序	管理外接程序
窗口	设置各个窗口的显示方式
帮助	用来获得 Visual Basic 的链接帮助及网络帮助资源

（2）工具栏

默认情况下，VBE 窗口中显示的是标准工具栏，用户可以通过"视图"→"工具栏"子菜单来显示"编辑"、"调试"和"用户窗体"工具栏，甚至可以自行定义工具栏的按钮。标准工具栏中包含了创建模块时常用的命令按钮，这些命令按钮及其功能的介绍如表 8-3 所示。

表 8-3 标准工具栏常用按钮及其功能

按钮图标	按钮名称	功能
	视图 Microsoft Access	切换 Access 2010 窗口
	插入模块	该按钮的下拉列表中含有"模块"、"类模块"和"过程"3 个选项，选择其中一项即可插入新模块
	运行宏	运行模块中的程序
	中断	中断正在运行的程序
	重新设置	结束正在运行的程序
	设计模式	在设计模式和非设计模式之间切换
	工程资源管理器	打开工程资源管理器窗口
	属性窗口	打开属性窗口
	对象浏览器	打开对象浏览器

（3）窗口

在 VBE 窗口中，提供了工程资源管理器窗口、属性窗口、代码窗口、对象窗口、对象浏览器窗口、立即窗口、本地窗口、监视窗口等多个窗口，可以通过"视图"菜单控制这些窗口的显示。下面对常用的工程资源管理器窗口、属性窗口、代码窗口、立即窗口、监视窗口、本地窗口、对象浏览器窗口做简单的介绍。

1）工程资源管理器窗口。工程资源管理器窗口中列出了应用程序中用到的模块文件。可单击"查看代码"按钮显示相应的代码窗口，或单击"查看对象"按钮显示相应的对象窗口，也可单击"切换文件夹"按钮，隐藏或显示对象文件夹。

2）属性窗口。属性窗口中列出了所选对象的各种属性，可"按字母序"和"按分类序"查看属性。可以编辑这些对象的属性，这通常比在设计窗口中编辑对象的属性要方便和灵活。为了在属性窗口显示 Access 2010 类对象，应先在设计视图中打开对象。双击工程窗口上的一个模块或类，相应的代码窗口就会显示指令和声明，但只有类对象在设计视图中，即打开的情况下，对象才在属性窗口中被显示出来。

3）代码窗口。在代码窗口中可以输入和编辑 VBA 代码。可以打开多个代码窗口来查看各个模块的代码，而且可以方便地在代码窗口之间进行复制和粘贴。代码窗口对于代码中的关键字及普通代码是通过不同颜色加以区分的。

4）立即窗口。使用立即窗口可以进行以下操作。

输入或粘贴一行代码，然后按【Enter】键来执行该代码。

从立即窗口中复制并粘贴一行代码到代码窗口中，但是立即窗口中的代码是不能存储的。立即窗口可以拖放到屏幕中的任何地方，除非已经在"选项"对话框中的"可连接的"选项卡中将它设置为停放窗口。可以单击"关闭"按钮来关闭一个窗口。如果"关闭"按钮不是可见的，可以双击窗口标题行，让窗口变为可见。

5）监视窗口。监视窗口用于显示当前工程中定义的监视表达式的值。当工程中定义有监视表达式时，监视窗口就会自动打开。在监视窗口中可调整列的大小，向右拖动边线使它变大，或向左拖动边线使它变小。可以拖动一个选定的变量到立即窗口或监视窗口中。

监视窗口的部件作用如下。

① 表达式：列出监视表达式，并在最左边列出监视图标。

② 值：列出在切换成中断模式时表达式的值。可以编辑一个值，然后按【Enter】键、向上键、向下键、【Tab】键、【Shift+Tab】组合键或在屏幕上单击，使编辑生效。如果这个值是无效的，则编辑字段值会突出显示，且会弹出一个消息框来描述该错误，可以按【Esc】键来终止更改。

③ 类型：列出表达式的类型。

④ 上下文：列出监视表达式的内容。

6）本地窗口。本地窗口内部自动显示出所有当前过程中的变量声明及变量值，从中可以观察一些数据信息。

7）对象浏览器窗口。对象浏览器用于显示对象库及工程过程中的可用类、属性、方法、事件及常数变量。可以用它来搜索及使用已有的对象，或是来源于其他应用程序的对象。

对象浏览器主要包括以下窗口部件。

① "工程/库"框：显示活动工程当前所引用的库。

② "搜索文字"框：包含要用来作为搜索的字符串，可以输入或选择所要的字符串，"搜索文字"框中包含最后 4 次输入的搜索字符串。在输入字符串时，可以使用标准的 Visual Basic 通配符，如果要查找完全相符的字符串，可以使用快捷菜单中的"全字匹配"选项。

在该窗口中可以使用"向前""向后"等按钮查看类及成员列表。

2．在代码窗口中编程

VBE 的代码窗口包含了一个成熟的开发和调试系统。代码窗口的顶部是两个下拉列表，左侧是对象下拉列表，右侧是过程下拉列表。对象下拉列表中列出的是所有可用的对象名称。选择某一对象后，过程下拉列表中将列出该对象所有的事件过程。在工程资源管理器窗口中双击任何 Access 2010 类或模块对象都可以在代码窗口中打开相应的代码，然后可以对它进行检查、编辑和复制。VBE 继承了 VB 编辑器的众多功能，如自动显示快速信息、快捷的上下文关联帮助及快速访问子过程等功能。如图 8-2 所示，在代码窗口中输入命令时，VBE 编辑器自动显示关键字列表供用户参考和选择。

应用上述代码窗口的功能，用户可以轻松地进行 VBA 应用程序的代码编写。

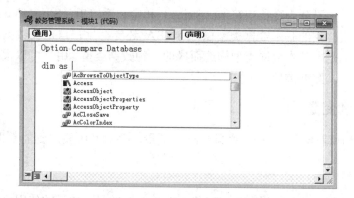

图 8-2　自动显示快速信息

8.3　VBA 编程基础

在 VBA 中，程序是由过程组成的，而过程是由根据 VBA 规则书写的指令组成的。一个程序包括语句、变量、运算符、函数、数据库对象和事件等基本要素。

8.3.1　数据类型

VBA 数据类型继承了传统的 BASIC 语言，如 Microsoft Quick Basic。在 VBA 应用程序中，也需要对变量的数据类型进行说明。VBA 提供了较为完备的数据类型，Access 2010 数据表中的字段使用的数据类型（OLE 对象和备注字段数据类型除外）在 VBA 中都有对应的类型。VBA 类型、类型声明符、数据类型、有效值范围和默认值如表 8-4 所示。

表 8-4　VBA 基本数据类型

VBA 类型	类型声明符	数据类型	有效值范围	默认值
Byte	—	字节	0～255	0
Integer	%	整型	−32 768～+32 767	0
Boolean	—	是/否	True 和 False	False
Long	&	长整型	−2 147 483 648～+2 147 483 647	0
Single	!	单精度	$-3.4×10^{38}$～$+3.4×10^{38}$	0
Double	#	双精度	$-1.797\,34×10^{308}$～$+1.797\,34×10^{308}$	0
Currency	@	货币	−922 337 203 685～922 337 203 685	0
String	$	字符串	根据字符串长度而定	""
Date	—	日期/时间	January 1,100～December 31,9999	0
Object	—	对象	—	
Variant	—	变体	—	Empty

其中，字符串类型又分为变长字符串（String）和定长字符串（String*length）。

除上述系统提供的基本数据类型以外，VBA 还支持用户自定义数据类型。自定义数据类型实质上是由基本数据类型构造而成的一种数据类型。用户可以根据需要来定义一个或多个自定义数据类型。

8.3.2 常量和变量

VBA 和其他编译程序一样，必须要声明变量，并对其中要用到的常量进行定义。

1. 常量

常量是指在程序运行的过程中，其值不能被改变的量。常量的使用可以增加代码的可读性，并使代码更加容易维护。此外，使用固有常量即 Access、Microsoft for Access Applications 等支持的常量，可以保证常量所代表的基础值在 Access 版本升级换代后也能使代码正常运行。

除了直接常量（通常的数值或字符串值常量，如 123、"Lee"等，也称字面常量）外，Access 还支持 3 种类型的常量。

1）符号常量：用 Const 语句创建，并且在模块中使用的常量。

2）固有常量：是 Microsoft Access 或引用库的一部分。

3）系统定义常量：True、False 和 Null。

（1）符号常量

通常，符号常量用来代表在代码中反复使用的相同的值，或者代表一些具有特定意义的数字或字符。符号常量的使用可以增加代码的可读性与可维护性。

符号常量使用 Const 语句来创建。创建符号常量时需要给出常量值，在程序运行过程中对符号常量只能做读取操作，而不允许修改或为其重新赋值。不允许创建与固有常量同名的符号常量。

下面通过例子给出使用 Const 语句来声明数值和字符串常量的几种方法。

```
Const PI As Single=3.14159265
```

可以使用 PI 来代替常用的π值。

```
Private Const PI2 As Single=PI*2
```

PI2 被声明为一个私有常量，同时在计算它的值的表达式中使用在它前面定义的符号常量。私有常量只能在定义它的模块（子程序或函数）中使用。

```
Public Const conVersion As String="Version Access"
```

conVersion 被声明为一个公有字符串常量。公有常量可以在整个应用程序内的所有子程序（包括事件过程）和函数中使用。

（2）固有常量

除了用 Const 语句声明常量之外，Access 2010 还声明了许多固有常量，并且可以使用 VBA 常量和 ADO（ActiveX data objects，ActiveX 数据对象）常量，还可以在其他引用对象库中使用常量。旧版本 Access 创建的数据库中的固有常量不会自动转换为新的常量格式，但旧的常量仍然可以使用且不会产生错误。

所有的固有常量都可在宏或 VBA 代码中使用，这些常量在任何时候都是可用的。函数、方法和属性的"帮助"主题中对具体内置常量都有描述。

固有常量有两个字母前缀，指明了定义该常量的对象库。来自 Access 2010 库的常量以"ac"开头，来自 ADO 库的常量以"ad"开头，而来自 Visual Basic 库的常量则以"vb"开头，如 acForm、adAddNew、vbCurrency。

因为固有常量所代表的值在 Access 的后期版本中可能改变，所以应该尽可能使用常量而不用常量的实际值。可以通过在对象浏览器窗口中选择常量或在立即窗口中输入"？固有常量名"来显示常量的实际值。

可以在任何允许使用符号常量或用户定义常量的地方（包括表达式中）使用固有常量。如果需要，用户还可以使用对象浏览器窗口来查看所有可用对象库中的固有常量，如图 8-3 所示。

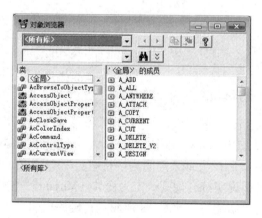

图 8-3　固有常量查找

（3）系统定义常量

系统定义的常量有 3 个：True、False 和 Null。系统定义常量可以在计算机上的所有应用程序中使用。

2. 变量

变量实际上是一个符号地址，它代表了变量的存储位置，其中包含在程序执行阶段修改的数据。每个变量都有变量名，在其作用域范围内可唯一识别。使用前可以指定数据类型（采用显式声明），也可以不指定（采用隐式声明）。

（1）变量的声明

变量名必须以字母字符开头，在同一范围内必须是唯一的，不能超过 255 个字符，而且中间不能包含句点或类型说明符号。

虽然，在代码中允许使用未经声明的变量，但一个良好的编程习惯应该是在程序开始几行声明将用于本程序的所有变量。这样做的目的是避免数据输入的错误，提高应用程序的可维护性。

对变量进行声明可以使用类型说明符号、Dim 语句和 DefType 语句。

1）使用类型说明符号声明变量。在传统的 BASIC 语言中，允许使用类型说明符号来声明常量和变量的数据类型，如 x% 是一个整型变量，100% 则是一个整型常数。类型说明符号在使用时始终放在变量或常量的末尾。

VBA 中的类型说明符号有 %（Integer）、&（Long）、!（Single）、#（Double）、$（String）和 @（Currency）。类型说明符号使用时作为变量名的一部分，放在变量名的最后一个字符。

例如，intX% 是一个整型变量；douY# 是一个双精度变量；strZ$ 是个字符串变量。在使用时不能将类型说明符号省略，如：

```
intX%=1243
douY#=45665.456
strZ$="Access"
```

2）使用 Dim 语句声明变量。

Dim 语句的使用格式：

```
Dim 变量名 As 数据类型
```

例如，Dim strX As String 声明了一个字符串类型变量 strX。可以使用 Dim 语句在一行声明多个变量。例如，Dim intX、douY、strZ As String，表示声明了 3 个变量 intX、douY 和 strZ，其中只有最后一个 strZ 声明为字符串类型变量，intX 和 douY 都没有声明其数据类型，即遵循类型说明符号规则认定为变体（Variant）类型。在一行中声明多个变量时，每一个变量的数据类型应使用 As 声明。正确的声明方法如下。

```
Dim intX As Integer, douY As Double, strZ As String
```

使用 Dim 声明一个变量后，在代码中使用变量名，其末尾无论带与不带相应的类型说明符号都代表同一个变量。

3）使用 DefType 语句声明变量。DefType 语句只能用于模块级，即模块的通用声明部分，用来为变量和传送给过程的参数设置默认数据类型，以及为其名称指定以字符开头的 Function 和 Property Get 过程设置返回值类型。

DefType 语句的使用格式：

```
DefType 字母[,字母范围]
```

例如，Defint a,b,e-h 说明了在模块中使用的以字母 a、b、e 到 h 开头的变量（不区分大小写）的默认数据类型为整型。

VBA 中所有可能的 DefType 语句和对应的数据类型如表 8-5 所示。

表 8-5　DefType 语句和相应的数据类型

语句	数据类型	说明
DefBool	Boolean	布尔型
DefByte	Byte	字节型
DefInt	Integer	整型
DefLng	Long	长整型
DefCur	Currency	货币型
DefSng	Single	单精度型
DefDbl	Double	双精度型
DefDate	Date	日期/时间型
DefStr	String	字符串型
DefObj	Object	对象型
DefVar	Variant	变体型

4）使用变体类型。声明变量数据类型可以使用上述 3 种方法，VBA 在判断一个变量的数据类型时，按以下先后顺序进行：①是否使用 Dim 语句；②是否使用数据类型说明符；③是否使用 DefType 语句。

如果没有使用上述 3 种方法声明数据类型的变量，则默认为变体类型。

5）用户自定义类型的声明与使用。用户自定义类型可以是任何用 Type 语句定义的数据类型。用户自定义类型可包含一个或多个基本数据类型的数据元素、数据或一个先前定义的用户自定义类型。例如：

```
Type MyType
    Name As String*10          '定义字符串变量存储一个姓名
    BirthDate As Date          '定义日期变量存储一个生日
    Sex As Integer             '定义整型变量存储性别（0 为女,1 为男）
End Type
```

上例定义了一个名称为"MyType"的数据类型。MyType 类型的数据具有 3 个域，即 Name、BirthDate 和 Sex。

在自定义数据类型时应注意：Type 语句只能在模块级使用。可以在 Type 前面加上 Public 或 Private 来声明自定义数据类型的作用域，这与其他 VBA 基本数据类型相同。声明自定义数据类型的域时，如果使用字符串类型，最好是定长字符串，如 Name As String*10。

使用 Type 语句声明一个用户自定义类型后，就可以在该声明范围内的任何位置声明该类型的变量。可以使用 Dim、Private、Public、ReDim 或 Static 来声明用户自定义类型的变量。

例如，在前面定义了自定义数据类型 MyType 后，以下语句定义并使用了该类型的变量。

```
Dim x As MyType
x.Name="张三"
x.Birthday=80/10/2
x.Sex=1
```

（2）变量的作用域和生命周期

前面介绍了变量的 3 种声明方法，对于变量的作用域，还需做明确的声明才能确定。

在声明变量作用域时可以将变量声明为 Locate（本地或局部）、Private（私有，Module 模块级）或 Public（公共或全局）。

本地变量仅在声明变量的过程中有效。在过程和函数内部所声明的变量，不管是否使用 Dim 语句，都是本地变量。本地变量具有在本地使用的最高优先级，即当存在与本地变量同名的模块级的私有或公共变量时，模块级的变量被屏蔽。

私有变量在所声明的模块中的所有函数和过程中都有效。私有变量必须在模块的通用声明部分使用"Private 变量名 As 数据类型"进行声明。

公共变量在所有模块的所有过程和函数中都可以使用。在模块通用声明中使用"Public 变量名 As 数据类型"声明公共变量。图 8-4 对私有变量和公共变量的声明进行了示例，并说明了作用范围。

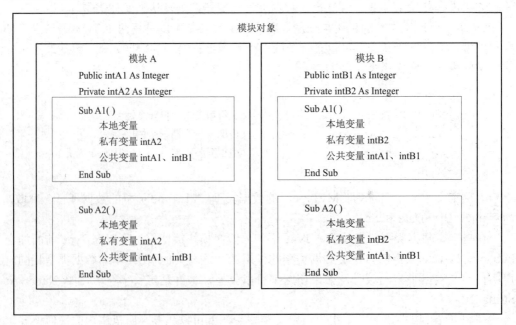

图 8-4　变量的作用域

变量的生命周期与作用域是两个不同的概念，生命周期是指变量从首次出现（执行变量声明，为其分配存储空间）到消失的代码执行时间。

本地变量的生命周期是过程或函数被开始调用到运行结束的时间（静态变量除外）。公共变量的生命周期是从声明到整个 Access 2010 应用程序结束。

对于本地变量的生命周期的一个例外是静态变量。静态变量使用"Static 变量名 As 数据类型"进行声明。静态变量在 Access 2010 程序执行期间一直存在，其作用范围是声明它的子程序或函数。静态变量可以用来计算事件发生的次数或函数与过程被调用的次数。

3. 数组

数组是由一组具有相同数据类型的变量（称为数组元素）构成的集合。

（1）数组的声明

在 VBA 中不允许隐式说明数组，用户可用 Dim 语句来声明数组，声明方式为

```
Dim 数组名(数组下标上界)As 数据类型
```

例如，Dim intArray(10) As Integer。这条语句声明了一个有 11 个元素的数组，每个数组元素为一个整型变量。这是指定数组元素下标上界来定义数组。

在使用数组时，可以使用 Option Base 来指定数组的默认下标下界是 0 或 1。默认情况下，数组下标下界为 0，所以用户只需使用它来指定默认下标下界为 1 即可。Option Base 能用在模块的通用声明部分。

VBA 允许在指定数组下标范围时使用 To。例如，Dim intArray(-3 To 3) As Integer 语句定义一个有 7 个元素的数组，数组元素的下标是-3~3。

如果要定义多维数组，声明方式如下：

```
Dim 数组名(数组第 1 维下标上界,数组第 2 维下标上界,…) As 数据类型
```

例如，Dim intArray(2,3)As Integer，该语句定义了一个二维数组。第一维有 3 个元素，第二维有 4 个元素。

VBA 还允许用户定义动态数组。动态数组的定义方法是，先使用 Dim 来声明数组，但不指定数组元素的个数，而在以后使用时再用 ReDim 来指定数组元素个数，称为数组重定义。在对数组重定义时，可以使用 ReDim 后加保留字 Preserve 来保留以前的值，否则使用 ReDim 后，数组元素的值会被重新初始化为默认值。以下例子说明了动态数组的定义方法。

```
Dim intAarray() As Integer          '声明部分
ReDim Preserve intArray(10)         '在过程中重定义,保留以前的值
ReDim intArray(10)                  '在过程中重新初始化
```

（2）数组的使用

数组声明后，数组中的每个元素都可以当作单个的变量来使用，其使用方法同相同类型的普通变量。数组元素的引用格式为

数组名(下标值)

如果该数组为一维数组，则下标值为一个范围，即数组下标下界～数组下标上界的整数；如果该数组为多维数组，则下标值为一个用多个（不大于数组维数）逗号分开的整数序列，每个整数（范围为该维数组下标下界～该维数组下标上界）表示对应的下标值。

例如，可以按如下方式引用前面定义的数组。

```
intAma(2)              '引用一维数组 intAma 的第 3 个元素
intArray(0,0)          '引用二维数组 intArray 的第 1 行第 1 个元素
```

例如，若要存储一年中每天的支出，可以声明一个具有 365 个元素的数组变量，而不是 365 个变量。数组中的每一个元素都包含一个值。下列的语句声明中数组 A 具有 365 个元素。按照默认规定，数组的索引是从零开始的，所以此数组的下标上界是 364 而不是 365。

```
Dim A(364) As Currency
```

若要设置某个元素的值，必须指定该元素的索引（下标值）。下面的示例对数组中的每个元素都赋予一个初始值 20。

```
Sub FillArray()
    Dim A(364) As Currency
    Dim intI As Integer
    For intI=0 To 364
        A(intI)=20
    Next
EndSub
```

8.3.3 常用标准函数

标准函数是系统事先定义好的内部程序，用来完成特定的功能。VBA 提供了大量的内部函数，供用户在编程时使用。

函数的一般形式是"函数名(参数表)"。其中参数表中的参数个数根据不同的函数而不同。在使用函数时，只要给出函数名和参数，就会产生一个返回值。表 8-6 中列出了常用的内部函数。

表 8-6　常用的内部函数

类别	函数名	作用	举例	结果值
数学	Abs(x)	求 x 的绝对值	Abs(−5)	5
	Sin(x)	求正弦函数	Sin(90*3.14159/180)	1
	Cos(x)	求余弦函数	Cos(60*3.14159/180)	0.5
	Sqr(x)	求 x 的平方根	Sqr(16.0)	4
	Int(x)	求不超过 x 的最大整数	Int(4.8) Int(−4.8)	4 −5
	Fix(x)	求 x 的整数部分	Fix(4.8) Fix(−4.8)	4 −4
	Round(x,n)	四舍五入	Round(456.98,0) Round(456.78,1)	457 456.8
	Exp(x)	求 e 的 x 次幂，即 e^x	Exp(5)	148.413159102577
	Log(x)	返回以 e 为底的 x 的对数值	Log(5)	1.6094370124341
	Sgn(x)	返回 x 的符号，当 $x<0$、$x>0$、$x=0$ 时，函数返回值分别为-1、1、0	Sgn(−123.45) Sgn(123.45) Sgn(0)	−1 1 0
随机数	Rnd	产生一个大于等于 0 小于 1 的单精度随机数	Rnd	产生[0,1]之间的随机数
	Randomize	产生随机数种子	—	—
转换	Str$($x$)	将数值型数据转换成字符型数据	Str$(12.34) Str$(−12)	"12.34" "−12"
	Val(x)	将字符串转换成数值型数据	Val("12AB")	12
	Hex$($x$)	将十进制转换成十六进制	Hex$(80)	50
	Oct$($x$)	将十进制转换成八进制	Oct$(80)	120
	Asc(x)	将 x 中第一个字符转换成 ASCII 码值	Asc("a") Asc("ABC")	97 65
	Chr$($x$)	将 x 转换成 ASCII 码值对应的字符	Chr$(97)	"a"
字符	Left$($x,n$)	从字符串 x 中左起截取 n 个字符	Left$("abcde",4)	"abcd"
	Right$($x,n$)	从字符串 x 中右起截取 n 个字符	Right$("abcde",4)	"bcde"
	Mid$($x,n,m$)	从字符串 x 的第 n 个位置开始截取 m 个字符	Mid$("abcde",3,2) Mid$("abcde",3)	"cd" "cde"
	Len(x)	求字符串 x 的长度	Len("VB 教程")	4
	Lcase$($x$)	将大写字母转换成小写字母	Lcase$("ABCd*")	"abcd*"
	Ucase$($x$)	将小写字母转换成大写字母	Ucase$("abc_D")	"ABC_D"
	LTrim$($x$)	删除字符串左边的空格	LTrim$(" abc ")	"abc "
	RTrim$($x$)	删除字符串右边的空格	RTrim$(" abc ")	" abc"
	Trim$($x$)	删除字符串左右两边的空格	Trim$(" abc ")	"abc"
	Space$($n$)	产生 n 个空格	Space$(5)	" "

类别	函数名	作用	举例	结果值
日期 时间	Date	返回系统当前的日期	Date()	2007-7-8
	Month(x)	返回一年中的某月	Month(Now)	7
	Day(x)	返回当前的日期号	Day(Now)	8
	Year(x)	返回年份	Year(Now)	2007
	Time	返回系统时间	Time()	9:30:00

三角函数的自变量 x 是一个数值型表达式，其中 Sin(x)、Cos(x)中的 x 是以弧度为单位的角度。一般情况下，自变量 x 以角度给出，可以用下面公式转换为弧度：

$$1°=\pi/180=3.14159/180（弧度）$$

例如，求正弦函数 Sin(30°)的值，必须写成 Sin(30*3.14/180)的形式。

注意取整函数 Int(x)和 Fix(x)的区别，虽然它们都返回一个整数，但当 x 是负数时，返回值不同。

Str$($x$)函数中，当 x 是正数时，在转换后的字符型数据前有一个空格。

Val(x)函数中，当 x 出现数值型规定的字符之外的字符时，返回值为 0，如 Val("a122")的结果为 0。

8.3.4 运算符和表达式

运算是对数据的加工，最基本的运算形式常常可以用一些简洁的符号来描述，这些符号称为运算符。VBA 提供了丰富的运算符，可以构成多种表达式。表达式是许多 Access 2010 操作的基本组成部分，是运算符、常量、文字值、函数和字段名、控件和属性的任意组合。可以使用表达式作为属性和操作参数的设置；在窗体、报表和数据访问页中定义计算控件；在查询中设置条件或定义计算字段及在宏中设置条件等。

1. 算术运算符与算术表达式

算术运算符是常用的运算符，用来执行简单的算术运算。VBA 提供了 8 个算术运算符，如表 8-7 所示。

表 8-7 算术运算符

优先级	运算	运算符	表达式示例
1	指数运算	^	X^Y
2	取负运算	−	−X
3	乘法运算	*	X*Y
3	浮点数除法运算	/	X/Y
4	整数除法运算	\	X\Y
5	取模运算	Mod	X Mod Y
6	加法运算	+	X+Y
6	减法运算	−	X−Y

在 8 个算术运算符中，除取负（-）是单目运算符外，其他均为双目运算符。加（+）、减（-）、乘（*）、取负几个运算符的含义与数学中基本相同，下面介绍其他几个运算符的操作。

（1）指数运算

指数运算用来计算乘方和方根，其运算符为^，2^8 表示 2 的 8 次方，而 2^(1/2)或 2^0.5 是计算 2 的平方根。

（2）浮点数除法与整数除法

浮点数除法运算符（/）执行标准的除法操作，其结果为浮点数。例如，表达式 5/2 的结果为 2.5，与数学中的除法一样。

整数除法运算符（\）执行整除运算，结果为整型值。因此，表达式 5\2 的值为 2。

整除的操作数一般为整型值。当操作数带有小数时，首先被四舍五入为整型数或长整型数，然后进行整除运算。操作数必须在-2 147 483 648.5～+2 147 483 647.5 范围内，其运算结果被截断为整型数或长整型数，不再进行舍入处理。

（3）取模运算

取模运算符（Mod）用来求余数，其结果为第 1 个操作数整除第 2 个操作数所得的余数。

表 8-7 中列出了算术运算符的优先级别。在 8 个算术运算符中，指数运算符的优先级最高，其次是取负运算符、乘法运算符、浮点数除法运算符、整数除法运算符、加法运算符、减法运算符。其中乘法运算符与浮点数除法运算符是同级运算符，加法运算符与减法运算符是同级运算符。当一个表达式中含有多种算术运算符时，必须严格按上述顺序求值。此外，如果表达式中含有括号，则先计算括号内表达式的值；有多层括号时，先计算内层括号中的表达式。

2. 字符串连接符与字符串表达式

字符串连接符（&）用来连接多个字符串（字符串相加）。
例如：

```
A$="Good"
B$="Bye"
C$=A$ & " " & B$
```

运算结果中变量 C$的值为"Good Bye"。

在 VBA 中，"+"既可用作加法运算符，还可以用作字符串连接符，但"&"专门用作字符串连接，其作用与"+"相同。在有些情况下，用"&"比用"+"可能更安全。

3. 关系运算符与关系表达式、逻辑运算符

（1）关系运算符与关系表达式

关系运算符也称为比较运算符，用来对两个表达式的值进行比较，比较的结果是一

个逻辑值，即真（True）或假（False）。用关系运算符连接两个算术表达式所组成的表达式叫作关系表达式。VBA 提供了 6 个关系运算符，如表 8-8 所示。

表 8-8　关系运算符

优先级	运算符	测试关系	表达式示例
1	<	小于	X<Y
1	>	大于	X>Y
1	<=	小于等于	X<=Y
1	>=	大于等于	X>=Y
2	=	相等	X=Y
2	<>或><	不等于	X<>Y

在 VBA 中，允许部分不同数据类型的量进行比较，但要注意其运算方法。

关系运算符的优先次序如下。

1）=、<>的优先级别相同，<、>、>=、<=的优先级别也相同，前两种关系运算符的优先级别低于后 4 种关系运算符（最好不要出现连续的关系运算，可以考虑将其转化成多个关系表达式）。

2）关系运算符的优先级低于算术运算符。

3）关系运算符的优先级高于赋值运算符（=）。

（2）逻辑运算符

逻辑运算也称为布尔运算，由逻辑运算符连接两个或多个关系式，组成一个布尔表达式。VBA 的逻辑运算符有 6 种，如表 8-9 所示。

表 8-9　逻辑运算符

运算符	含义
Not	非，由真变假或由假变真
And	与，两个表达式同时为真则值为真，否则为假
Or	或，两个表达式中有一个表达式为真则为真，否则为假
Xor	异或，两个表达式同时为真或同时为假，则值为假，否则为真
Eqv	等价，两个表达式同时为真或同时为假，则值为真，否则为假
Imp	蕴涵，当第 1 个表达式为真，第 2 个表达式为假时，值为假，否则为真

4. 对象运算符与对象运算表达式

（1）对象运算符

对象运算表达式中使用"!"和"."两种运算符，使用对象运算符指出随后将出现的项目类型。

1）"!"运算符。"!"运算符的作用是指出随后为用户定义的内容。

使用"!"运算符可以引用一个开启的窗体、报表或开启窗体或报表上的控件。"!"

运算符的引用示例如表 8-10 所示。

表 8-10　"!"运算符的引用示例

引用	说明
Forms![订单]	开启"订单"窗体
Reports![发货单]	开启"发货单"报表
Forms![订单]![订单 ID]	开启"订单"窗体上的"订单 ID"控件

2)"."运算符。"."运算符通常指出随后为 Access 2010 定义的内容。例如，使用"."运算符可引用窗体、报表或控件等对象的属性。

（2）在表达式中引用对象

在表达式中可以使用标识符来引用一个对象或对象的属性。例如，可以引用一个开启的报表 Visible 属性。

```
Reports![发货单]![单位].Visible
```

8.4　程序的流程控制语句

要使计算机按确定的步骤进行处理，需要通过程序的控制结构来实现。无论是结构化程序设计还是面向对象的程序设计，计算机语言程序的流程一般分为 3 种：顺序结构、分支结构和循环结构。使用 3 种基本结构编写出来的程序清晰、可读性好，还可以解决任何复杂问题，VBA 就是这样一种结构化程序设计语言。

8.4.1　语句概述

语句是指能够完成某项操作的一条命令。VBA 程序的功能就是由大量的语句串命令构成。VBA 程序语句按照其功能不同分为两大类型：一是声明语句，用于给变量、常量或过程定义命名；二是执行语句，用于执行赋值操作，调用过程，实现各种流程控制。

1. 程序语句书写及注释语句

程序语句书写规定，通常将一个语句写在一行。语句较长，一行写不下时，可以用空格加下划线（_）来标识下一行为续行；一行也可以书写多条语句，各语句之间以冒号（:）分开；VBA 不区分标识符的字母大小写；当输入一行语句并按【Enter】键时，如果该行代码颜色以红色文本显示，则表明该行语句存在错误，应更正。

好的程序通常有注释语句，用来说明程序中某些语句的功能和作用，对程序的维护有很大的帮助。

VBA 中通过两种方法标识注释语句。

（1）使用 Rem 语句

格式：Rem 注释语句

例如，Rem 定义两个变量。

```
Dim Str1,Str2
Str1="shanghai"    :    Rem  注释,在语句之后要用冒号隔开
```

（2）单引号 "'"

格式：'注释语句

例如：

```
Str2="beijing"              '这也是一条注释,这时不使用冒号
```

注释可以添加到程序模块的任何位置，并且默认以绿色文本显示。

2. 声明语句

声明语句用于命名和定义常量、变量、数组和过程。在定义内容的同时，也定义了其生命周期与作用范围，这取决于定义位置（局部、模块或全局）和使用的关键字（Dim、Public、Static 或 Global 等）。

例如：

```
Sub Sample()
    Const PI=3.14159
    Dim I As Integer
End Sub
```

以上语句定义了一个子过程 Sample。当这个子过程被调用运行时,包含在 Sub 与 End Sub 之间的语句都会被执行。Const 语句定义了一个名为 PI 的符号常量；Dim 语句则定义了一个名为 I 的整型变量。

3. 赋值语句

赋值语句是为变量指定一个值或表达式。通常以等号赋值运算符连接。其使用格式为

```
[Let] 变量名=值或表达式
```

其中，Let 为可选项。

例如：

```
Dim txtAge As Integer
txtAge=24
Debug.Print txtAge
```

这里声明了一个变量 txtAge，并赋值为 24，在立即窗口中输出。

4. 标号和 GoTo 语句

GoTo 语句用于无条件转移，其使用格式为

```
GoTo 标号
```

程序执行到这条语句，就会无条件跳转到"标号"位置，并继续执行后面的语句。标号必须事先定义，定义标号时名称必须从代码的最左列（第一列）开始书写。

例如：

```
GoTo Lab1        '跳转到标号为 Lab1 的位置执行其后的语句
...
Lab1:            '定义 Lab1 标号位置
...
```

注意：由于 GoTo 语句无条件跳转，所以应该有条件使用，而且应该尽量避免使用 GoTo 语句。

5. 控制语句

控制语句分为以下 3 种结构。

顺序结构：按照语句顺序顺次执行，如赋值语句、过程调用语句等。

分支结构：又称为选择结构，根据条件选择执行路径。

循环结构：重复执行某一段程序语句。

8.4.2 顺序结构

顺序结构的特点是，程序是按照语句在各过程中出现的顺序自上而下地逐条执行。顺序结构是程序设计中最简单的一种结构，顺序结构中的每一条语句被执行一次，而且只能被执行一次。

8.4.3 分支结构

分支结构的特点是，程序是按照条件表达式的值执行相应语句，分支结构又称为选择结构。在 VBA 中，通常用 If 语句、Select Case 语句或条件函数解决分支结构的问题。

1. 单分支 If 语句

语法格式：

```
If 条件表达式 Then
    <程序代码>
End If
```

说明：语句在执行时首先判断条件表达式的值是否为真，如果为真，则依次执行程序代码；否则执行 End If 语句下面的语句。

例 8.1　判断学生大学英语成绩的总评结果。

要求：以大学英语成绩为数据源，创建图 8-5 所示的窗体。

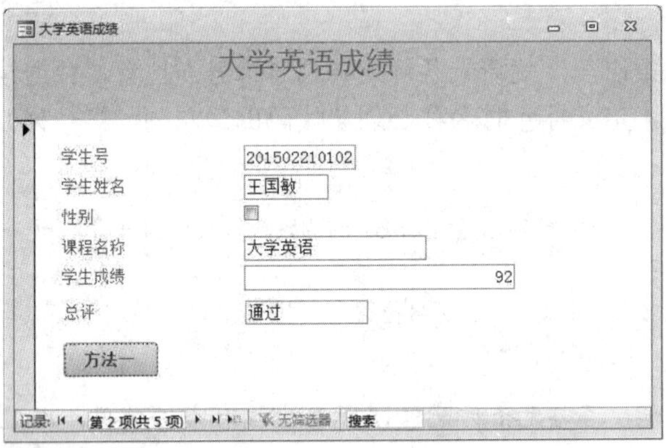

图 8-5　大学英语成绩窗体

具体操作步骤如下。

1）打开数据库，单击"创建"选项卡"窗体"组中的"窗体向导"按钮，打开"窗体向导"对话框，选择"大学英语查询"作为数据源并选取相应的字段，如图 8-6 所示。

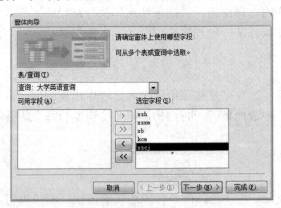

图 8-6　选择数据源

2）单击"下一步"按钮，在打开的对话框中设置窗体布局为"纵栏表"，如图 8-7 所示。

3）单击"下一步"按钮，在打开的对话框中设置窗体的标题及相关选项，如图 8-8 所示。

4）单击"完成"按钮，打开窗体设计视图，添加一个文本框控件和一个命令按钮，并对其相应属性进行设置，设计视图如图 8-9 所示。

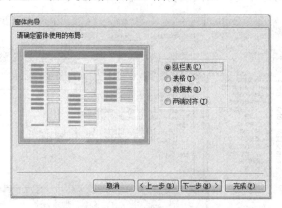

图 8-7 设置窗体布局

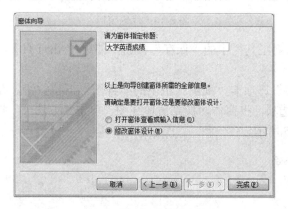

图 8-8 设置窗体标题

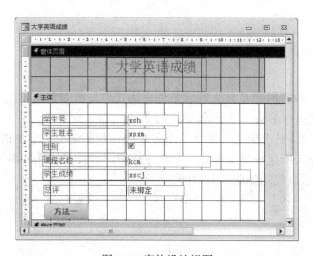

图 8-9 窗体设计视图

5）进入 VBE 编程环境，在代码窗口中输入代码，如图 8-10 所示。

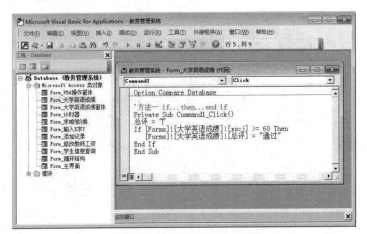

图 8-10　代码窗口

6）单击快速访问工具栏中的"保存"按钮，使用【Alt+F11】组合键切换到数据库窗口。

7）单击"开始"选项卡"视图"组中的"视图"下拉按钮，在弹出的下拉列表中选择"窗体视图"选项，将窗体切换到窗体视图，单击"方法一"按钮，即可看到学生的总评值，如图 8-5 所示。

2. 多分支 If 语句

语法格式：

```
If 条件表达式 Then
    <程序代码 1>
Else
    <程序代码 2>
End If
```

说明：语句在执行时也是首先判断条件表达式值是否为真，如果为真，则依次执行程序代码 1；否则执行 Else 下面的程序代码 2。

例 8.2　在例 8.1 的基础上，使用多分支 If 语句判断学生大学英语成绩的总评结果。

要求：在例 8.1 所建窗体上添加一个命令按钮，设置其属性并编写相应代码，运行窗体如图 8-11 所示，代码如图 8-12 所示。

3. 多分支嵌套 If 语句

语法格式：

```
If 条件表达式 1 Then
```

```
    <程序代码 1>
ElseIf 条件表达式 2 Then
    <程序代码 2>
[ElseIf 条件表达式 3 Then
    <程序代码 3>
...
ElseIf 条件表达式 n Then
    <程序代码 n >]
[Else
    <程序代码 n+1>]
End If
```

用法与多行 If 语句类似，例 8.3 说明了这种 If 语句的使用。

图 8-11　多分支 If 语句运行窗体

图 8-12　多分支 If 语句代码窗口

例 8.3　在例 8.2 的基础上，使用多分支嵌套 If 语句判断学生大学英语成绩的总评结果。

要求：在例 8.2 所建窗体上添加一个命令按钮，设置其属性并编写相应代码，运行窗体如图 8-13 所示，代码如图 8-14 所示。

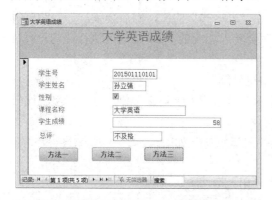

图 8-13　多分支嵌套 If 语句运行窗体

图 8-14　多分支嵌套 If 语句代码窗口

多分支嵌套 If 语句执行的过程如下。

1）首先判断 <条件表达式 1>是否成立。如果成立，则执行<程序代码 1>，然后执行 End If 语句后面的程序。

2）如果<条件表达式 1>不成立，判断<条件表达式 2>是否成立。如果成立，则执行<程序代码 2>，然后执行 End If 语句后面的程序。

3）如果<条件表达式 1>和<条件表达式 2>都不成立，则判断<条件表达式 3>是否成立。如果成立，则执行<程序代码 3>，然后执行 End If 语句后面的程序。

4）以此类推，如果<条件表达式 1>～<条件表达式 n>都不成立，则执行 Else 语句后的<程序代码 $n+1$>，结束 If 语句执行后面的程序语句。

If 语句只能根据一个条件的是或非两种情况进行选择。如果要处理有多种选择的情况，则必须使用 If 语句进行多重嵌套，这使句子结构变得十分复杂，可读性降低。处理多种选择最有效的方法是使用 Select Case 语句。

4. Select Case 语句

语法格式：

```
Select Case 表达式
    Case 表达式 1
        <表达式的值与表达式 1 的值相等时执行的语句序列>
    [Case 表达式 2  To 表达式 3
        <表达式的值介于表达式 2 和表达式 3 的值之间时执行的语句序列>]
    ...
    [Case Is 关系运算符 表达式 4
        <表达式的值与表达式 4 的值之间满足关系运算为真时执行的语句序列>]
    [Case Else
        <以上情况均不符合时执行的语句序列>]
End Select
```

说明：Select Case 结构运行时，首先计算"表达式"的值，然后会依次计算测试每个 Case 表达式的值，直到值匹配成功，程序会转入相应的 Case 结构内执行语句。

Case 表达式可以有多种形式。

1）单个值或一列值，相邻两个值之间用逗号隔开。

2）用关键字 To 指定值的范围，其中第 1 个值不应大于第 2 个值，对字符串将比较它的第一个字符的 ASCII 码大小。

3）使用关键字 Is 指定条件。Is 后紧接关系运算符（如< >、<、<=、=、>=和>等）和一个变量或值。

前面的 3 种条件形式混用，多个条件之间用逗号隔开。

Case 语句按先后顺序进行比较，执行与第 1 个 Case 条件相匹配的代码。若不存在匹配的条件，则执行 Case Else 语句，然后程序执行 End Select 语句后的代码。

如果 Select Case 所求得的值是数值类型，则 Case 条件中的表达式都必须是数值类型。

例 8.4　在例 8.3 的基础上，使用 Select Case 语句判断学生大学英语成绩的总评结果。

要求：在例 8.3 所建窗体上添加一个命令按钮，设置其属性并编写相应的代码，运行窗体如图 8-15 所示，代码如图 8-16 所示。

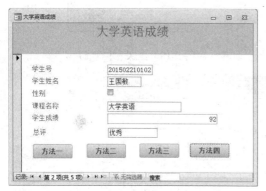

图 8-15　Select Case 语句运行窗体

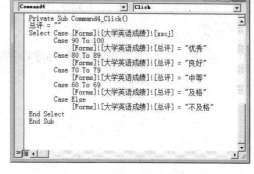

图 8-16　Select Case 语句代码窗口

5. IIf 函数

语法格式：

```
IIf(条件,表达式1,表达式2)
```

该格式是根据"条件"的值来决定函数返回值。如果条件为真，返回表达式 1 的值；否则返回表达式 2 的值。

例如：

```
c=IIf(a>b,a,b)
```

语句执行后，c 为 a 和 b 中的最大值。

8.4.4　循环结构

1. While 循环

语法格式：

```
While 条件
    循环体
```

```
Wend
```

说明：While 循环是当型循环，当条件满足时执行循环体。

例 8.5 创建一个窗体求 1+2+3+…+100 的和。

要求：运行窗体如图 8-17 所示，结果窗口如图 8-18 所示，代码如图 8-19 所示。

图 8-17 运行窗体（1）　　　　　　　　　　　图 8-18 结果窗口（1）

图 8-19 代码窗口（1）

2. For 循环

语法格式：

```
For 循环控制变量=初值 To 终值 [Step 步长]
    循环体
Next
```

说明：For 循环常用于实现指定次数地重复执行一组操作。其中，"Step 步长"省略时，默认步长值为 1。循环控制变量可以是整型、长整型、实数（单精度和双精度）及字符串。但比较常用的还是整型和长整型变量。循环控制变量的初值和终值的设置受步长的约束。当步长为负数时，初值不小于终值才可能执行循环体；当步长为正数时，初值不大于终值才可能执行循环体。

For 循环执行的步骤如下。

1）将初值赋给循环控制变量。

2）判断循环控制变量是否在初值与终值之间。

3）如果循环控制变量超出范围，则跳出循环；否则继续执行循环体。

4）在执行完循环体后，将循环变量加上步长赋给循环变量，再返回第 2 步继续执行。

For 循环的循环次数可以按如下公式计算：

$$循环次数=(终值-初值)/步长+1$$

在循环体中，如果需要，可以使用 Exit For 跳出循环体。

例 8.6 在例 8.5 的基础上，使用 For 语句求 10 的阶乘。

要求：运行窗体如图 8-20 所示，结果窗口如图 8-21 所示，代码如图 8-22 所示。

图 8-20 运行窗体（2）

图 8-21 结果窗口（2）

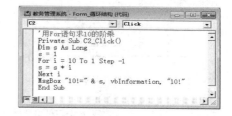

图 8-22 代码窗口（2）

3. Do…Loop 语句

语法格式一：

```
Do [While|Until 条件]
    循环体
Loop
```

语法格式二：

```
Do
    循环体
Loop [While|Until 条件]
```

说明：其中，格式一为先判断后执行，有可能一次也不执行；格式二为先执行后判断，至少执行一次。关键字 While 用于指明条件为真时执行循环体中的语句，Until 正好相反。

Do…Loop 循环体中可以使用 Exit Do 跳出循环体。

例 8.7 在例 8.6 的基础上，使用 Do…Loop 语句分别求解。

要求：运行窗体如图 8-23 所示，结果窗口如图 8-24 和图 8-25 所示，代码如图 8-26 所示。

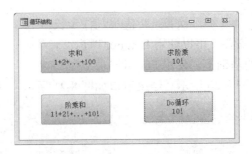

循环结构
求和
1+2+...+100
求阶乘
10!
阶乘和
1!+2!+...+10!
Do循环
10!

图 8-23　运行窗体（3）

1!+2!+...+10!
1!+2!+...+10!=4037913
确定

图 8-24　结果窗口（3）

Do 语句求10!
10!=3628800
确定

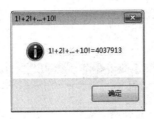

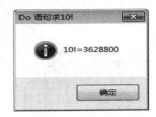

图 8-25　结果窗口（4）

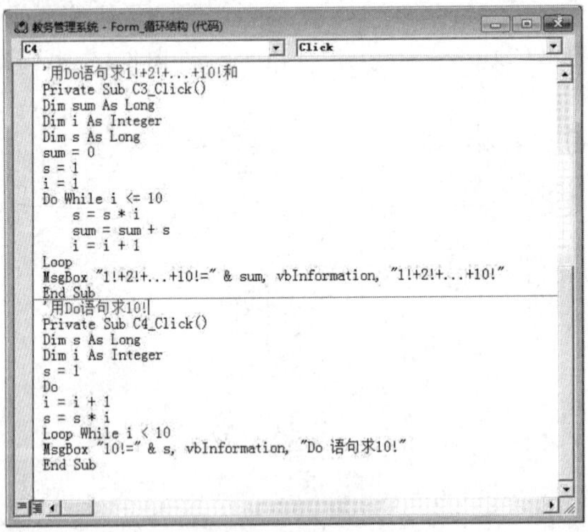

教务管理系统 - Form_循环结构 (代码)
C4
Click
'用Do语句求1!+2!+...+10!和
Private Sub C3_Click()
Dim sum As Long
Dim i As Integer
Dim s As Long
sum = 0
s = 1
i = 1
Do While i <= 10
s = s * i
sum = sum + s
i = i + 1
Loop
MsgBox "1!+2!+...+10!=" & sum, vbInformation, "1!+2!+...+10!"
End Sub
'用Do语句求10!
Private Sub C4_Click()
Dim s As Long
Dim i As Integer
s = 1
Do
i = i + 1
s = s * i
Loop While i < 10
MsgBox "10!=" & s, vbInformation, "Do 语句求10!"
End Sub

图 8-26　代码窗口（3）

循环结构的特点是根据判断项的值有条件地反复执行程序中的某些语句。

8.5　VBA 模块的创建和使用

模块将数据库中的 VBA 过程和函数放在一起，作为一个整体来保存。利用 VBA 模块可以开发十分复杂的应用程序。

8.5.1　VBA 标准模块

使用 VBA 设计应用程序时，除了定义常量、变量外，其他工作就是编写过程代码。VBA 中的过程分为事件过程和通用过程。事件过程是针对某一对象的工程，并与该对象的一个事件相联系，它附加在窗体和控件上。

通用过程分为 Sub 过程（也称子程序过程）和 Function 过程（也称函数过程）两大类，其特点是可以独立建立，供事件过程或其他通用过程调用。

1.　创建 VBA 标准模块

创建 VBA 标准模块的操作步骤如下。

1）在数据库窗口中，单击"创建"选项卡"宏与代码"组中的"模块"按钮，在 VBE 中创建一个空白模块。

2）在模块代码窗口中输入模块程序代码。

2.　确定数据访问模型

Access 2010 支持两种数据访问模型：传统的数据访问对象（data access objects，DAO）和 ActiveX 数据对象。数据访问对象的目标是使数据库引擎能够快速和简单地开发。ActiveX 数据对象使用了一种通用程序设计模型来访问一般数据，而不是基于某一种数据引擎，它需要 OLEDB 提供对低层数据源的链接。OLEDB 技术最终将取代以前的 ODBC，就像 ActiveX 数据对象取代数据访问对象一样。

设置数据访问模型的操作步骤如下。

1）在数据库窗口中，单击"创建"选项卡"宏与代码"组中的"模块"按钮，在 VBE 编辑器中创建一个空白模块。

2）选择"工具"→"引用"选项，打开"引用"对话框，在"可使用的引用"列表框中，选择需要的引用，如果在模块中需要定义 Datebase 等类型的对象，则应该选中"Microsoft DAO 3.6 Object Library"复选框，并单击"确定"按钮，如图 8-27 所示。

3.　模块的调用

模块的调用是对其中过程的使用。创建模块后，即可在数据库中使用该模块中的过程。模块的调用有以下两种方式。

1）直接调用。对于所建立的模块对象，可以直接通过模块名进行调用。

2）事件过程调用。事件过程的调用是将过程与发生在对象（如窗体或控件）上的事件联系起来，当事件发生后，相应的过程即被执行。

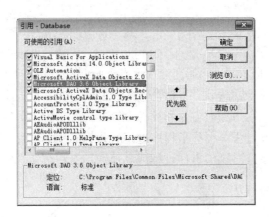

图 8-27 "引用"对话框

8.5.2 Sub 子过程

可以在一个不包含过程和函数的模块中声明公共变量和常量，公共变量和常量可以在任何模块的任何函数和过程中使用。

声明 Sub 过程的语法格式：

```
[Private|Public][Static] Sub 对象名_事件名([形参列表])
    语句组 1
     [Exit Sub]
     [语句组 2]
End Sub
```

其中，对象名为窗体或控件的实际名称（Name 属性），事件名不能由用户任意定义，而是由系统指定的。

1. 创建子过程

创建子过程的操作步骤如下。

1）打开数据库，单击"创建"选项卡"宏与代码"组中的"模块"按钮，在 VBE 中创建一个空白模块。

2）选择"插入"→"过程"选项，打开图 8-28 所示的"添加过程"对话框，输入相应信息。

3）单击"确定"按钮，此时在 Visual Basic 编辑器窗口中添加一个名为 swap 的过程，并在该过程中输入图 8-29 所示的代码。

4）单击工具栏中的"保存"按钮，保存模块。

2. 过程的调用方法

事件过程的调用可以称为是事件触发。当一个对象的事件发生时，对应的事件过程会被自动调用。例如，在前面为窗体命令按钮创建了一个单击事件过程。那么，这个单击事件过程会在对应的命令按钮被用户单击之后，自动调用执行。

图 8-28 "添加过程"对话框

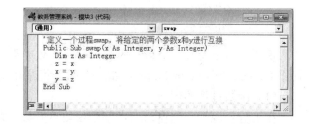

图 8-29 swap 过程代码窗口

子程序调用的语法格式：

    Call 子程序名（参数列表）

或

    子程序名[参数列表]

说明：使用 Call 关键字是显式调用过程，Call 可以在使用时省略不用。使用 Call 显式地调用过程是值得提倡的设计程序的良好习惯，因为 Call 关键字标明了其后是过程名而不是变量名。

调用上面定义的 swap 子过程的操作如下。

1）添加过程 Data_In_Out，实现数据的输入/输出，如图 8-30 所示。

2）单击工具栏中的"保存"按钮，保存模块。

3）将光标定位于 Data_In_Out 过程的任何位置，单击工具栏中的"运行子过程/用户窗体"按钮，在立即窗口中显示排序结果，如图 8-31 所示。

图 8-30 Data_In_Out 过程代码窗口

图 8-31 Data_In_Out 过程运行结果

8.5.3 Function 函数

函数定义的语法格式：

```
Function 函数名([参数]) As 数据类型
    函数代码
End Function
```

说明：与定义符号常量、变量和自定义数据类型相似，可以在函数和子过程定义时使用 Public、Private 或 Static 前缀来声明子程序和函数的作用范围。

（1）函数过程的创建

在工程资源管理器窗口双击某个模块打开该模块，然后选择"插入"→"过程"选项，打开图 8-28 所示的"添加过程"对话框，在"名称"文本框中输入名称，在"类型"组中选中"函数"单选按钮，单击"确定"按钮，VBE 代码窗口中即添加了一个新的函数过程，输入相应代码后保存模块。

（2）函数过程的调用

调用 Function 函数非常方便。如果要计算半径为 10 的圆的面积，只要调用函数 A(10) 即可，如图 8-32 所示。

图 8-32　定义和调用函数代码窗口及运行结果

8.6　VBA 常用操作

在 VBA 编程过程中经常用到一些操作，如打开或关闭某个窗体和报表，根据需要显示一些提示信息等，这些功能可以使用 VBA 的输入框、消息框等来完成。

1. 打开和关闭操作

DoCmd 是 Access 2010 的一个特殊对象，用来调用内置方法，在 VBA 中实现某些特定的操作，如打开库对象（表、查询、窗体、报表等）、运行宏和关闭库对象等。一般格式为

```
DoCmd.方法 [参数列表]
```

DoCmd 的方法比较多，一般需要参数，有些参数是必需的，有些则是可选的。若省略可选参数，参数将采用默认值。

（1）打开表

DoCmd.OpenTable 方法的语法格式：

```
DoCmd.OpenTable(TableName, View, DataMode)
```

该语法参数详解如表 8-11 和表 8-12 所示。

表 8-11　OpenTable 参数

名称	是/否	数据类型	说明
TableName	必需	Variant	字符串表达式，表示当前数据库中表的有效名称。如果在某个类库数据库中执行包含 OpenTable 方法的 Visual Basic 代码，Access 2010 将先在该类库数据库中搜索具有该名称的表，然后在当前数据库中查找
View	可选	AcView	一个 AcView 常量，指定将在其中打开表的视图。默认值是 acViewNormal
DataMode	可选	AcOpenDataMode	函数的打开模式常量，用于指定表的数据输入模式。默认值是 acEdit

表 8-12　AcView 常量

名称	值	说明
acViewNormal	0	（默认值）普通视图
acViewDesign	1	设计视图
acViewPreview	2	打印预览视图
acViewPivotTable	3	数据透视表视图
acViewPivotChart	4	数据透视图视图
acViewReport	5	报表视图
acViewLayout	6	布局视图

（2）打开窗体

DoCmd.OpenForm 方法的语法格式：

```
DoCmd.OpenForm(FormName,View,FilterName,WhereCondition,DataMode,
               WindowMode, OpenArgs)
```

该语法参数详解如表 8-13 和表 8-14 所示。

表 8-13　OpenForm 参数

名称	是/否	数据类型	说明
FormName	必需	Variant	字符串表达式，表示当前数据库中窗体的有效名称

续表

名称	是/否	数据类型	说明
View	可选	AcFormView	指定将在其中打开窗体的视图。默认值为 acNormal
FilterName	可选	Variant	字符串表达式，表示当前数据库中查询的有效名称
WhereCondition	可选	Variant	字符串表达式，不包含 Where 关键字的有效 SQL Where 子句
DataMode	可选	AcFormOpen DataMode	指定窗体的数据输入模式，仅适用于在窗体视图或数据表视图中打开的窗体。默认值为 acFormPropertySettings
WindowMode	可选	AcWindowMode	指定打开窗体时采用的窗口模式。默认值为 acWindowNormal
OpenArgs	可选	Variant	字符串表达式。该表达式用于设置窗体的 OpenArgs 属性，然后可以通过代码在窗体模块（如 Open 事件过程）中使用该设置，还可以在宏和表达式中引用 OpenArgs 属性

表 8-14　AcFormView 参数

名称	值	说明
acNormal	0	（默认值）在窗体视图中打开窗体
acDesign	1	在设计视图中打开窗体
acPreview	2	在打印预览中打开窗体
acFormDS	3	在数据表视图中打开窗体
acFormPivotTable	4	在数据透视表视图中打开窗体
acFormPivotChart	5	在数据透视图视图中打开窗体
acLayout	6	在布局视图中打开窗体

（3）打开报表

DoCmd.OpenReport 方法的语法格式：

```
DoCmd.OpenReport(ReportName, View, FilterName, WhereCondition,
                 WindowMode, OpenArgs)
```

该语法参数详解如表 8-15 所示。

表 8-15　OpenReport 参数

名称	是/否	数据类型	说明
ReportName	必需	Variant	字符串表达式，表示当前数据库中报表的有效名称。如果在某类库数据库中执行包含 OpenReport 方法的 Visual Basic 代码，Access 2010 将先在该类库数据库中搜索具有该名称的报表，然后在当前数据库中查找
View	可选	AcView	指定将在其中打开报表的视图。默认值是 acViewNormal
FilterName	可选	Variant	字符串表达式，表示当前数据库中查询的有效名称
WhereCondition	可选	Variant	字符串表达式，不包含 Where 关键字的有效 SQL Where 子句
WindowMode	可选	AcWindowMode	指定打开窗体的模式。默认值是 acWindowNormal
OpenArgs	可选	Variant	设置 OpenArgs 属性

（4）关闭对象

DoCmd.Close 方法的语法格式：

```
DoCmd.Close(ObjectType, ObjectName, Save)
```

说明：Close 方法将执行 Visual Basic 中的关闭操作；若 ObjectType 和 ObjectName 为空，将关闭活动窗口。

该语法参数详解如表 8-16～表 8-18 所示。

表 8-16　Close 参数

名称	是/否	数据类型	说明
ObjectType	可选	AcObjectType	代表要关闭的对象的类型
ObjectName	可选	Variant	字符串表达式，表示 ObjectType 参数所选类型的对象的有效名称
Save	可选	AcCloseSave	指定要将更改保存到对象。默认值是 acSavePrompt

表 8-17　AcCloseSave 参数

名称	值	说明
acSavePrompt	0	询问用户是否要保存该对象
acSaveYes	1	保存指定的对象
acSaveNo	2	不保存指定的对象

表 8-18　AcObjectType 参数

名称	值	说明
acDefault	−1	—
acTable	0	表
acQuery	1	查询
acForm	2	窗体
acReport	3	报表
acMacro	4	宏
acModule	5	模块
acServerView	7	服务器视图
acDiagram	8	数据库图表（Access 2010 项目）
acStoredProcedure	9	存储过程（Access 2010 项目）
acFunction	10	函数
acDatabaseProperties	11	数据库属性
acTableDataMacro	12	数据宏

（5）运行宏

DoCmd.RunMacro 方法的语法格式：

```
DoCmd.RunMacro(MacroName, RepeatCount, RepeatExpression)
```

该语法参数详解如表 8-19 所示。

表 8-19　RunMacro 参数

名称	是/否	数据类型	说明
MacroName	必需	Variant	字符串表达式，表示当前数据库中宏的有效名称。如果在类库数据库中运行包含 RunMacro 方法的 Visual Basic 代码，Access 2010 将在该类库数据库中查找具有该名称的宏，而不会在当前数据库中查找
RepeatCount	可选	Variant	数值表达式，结果为一个整数值，表示宏的运行次数
RepeatExpression	可选	Variant	数值表达式，在宏每次运行时计算一次。当结果为 False (0)时，宏停止运行

（6）退出 Access 2010

Docmd.Quit 方法的语法格式：

```
DoCmd.Quit (Options)
```

该语法参数详解如表 8-20 和表 8-21 所示。

表 8-20　Quit 参数

名称	是/否	数据类型	说明
Options	可选	AcQuitOption	退出常量，指示要退出 Access 2010 时采取的操作。默认值是 acQuitSaveAll

表 8-21　AcQuitOption 参数

名称	值	说明
acQuitPrompt	0	显示一个对话框，询问是否要保存已更改但尚未保存的任何数据库对象
acQuitSaveAll	1	（默认值）保存所有对象而不显示对话框
acQuitSaveNone	2	退出 Access 2010 而不保存任何对象

例 8.8　使用 DoCmd 方法编写常用的打开、关闭操作。

运行窗体如图 8-33 所示，代码窗口如图 8-34 所示。

图 8-33　使用 DoCmd 方法运行窗体

图 8-34　DoCmd 方法代码

2. 输入框

语法格式：

```
InputBox(Prompt,[Title],[其他参数])
```

功能：打开一个对话框，在其中显示提示，等待用户输入文字并单击按钮，然后返回用户输入的文字。

说明：

① Prompt 是必选项，作为对话框消息出现的字符串表达式。

② Title 是可选项，显示对话框标题栏中的字符串表达式。如果省略，则把应用程序名放入标题栏中。

③ 函数返回值为文本框中输入的数字或字符串。

该语法参数详解如表 8-22 所示。

表 8-22　InputBox 函数参数

名称	说明
Prompt	必需，作为对话框消息出现的字符串表达式。Prompt 的最大长度约为 1024 个字符，由所用字符的宽度决定。如果 Prompt 的内容超过一行，则可以在每一行之间用回车符（Chr(13)）、换行符（Chr(10)）或是回车符与换行符的组合（Chr(13) & Chr(10)，即 vbCrLf）将各行分隔开来
Title	可选，显示对话框标题栏中的字符串表达式。如果省略，则把应用程序名放入标题栏中
Default	可选，显示文本框中的字符串表达式，在用户输入前作为默认值。如果省略，则文本框为空

续表

名称	说明
XPos	可选，数值表达式，与 YPos 一起出现，指定对话框的左边与屏幕左边的水平距离。如果省略，则对话框会在水平方向居中
YPos	可选，数值表达式，与 XPos 一起出现，指定对话框的顶端与屏幕顶端的距离。如果省略，则对话框被放置在屏幕垂直方向距底端大约三分之一的位置
Helpfile	可选，字符串表达式，识别用来向对话框提供上下文相关帮助的帮助文件。如果提供了 Helpfile，则也必须提供 Context
Context	可选，数值表达式，由帮助文件的作者指定给适当的帮助主题的帮助上下文编号。如果提供了 Context，则也必须提供 Helpfile

3. 消息框

语法格式：

```
MsgBox  Prompt [,Buttons] [,Title] [,其他参数]
MsgBox(Prompt [,Buttons] [,Title] [,其他参数])
```

功能：执行该语句和函数会打开一个对话框，用来显示输出项的内容，等待用户单击按钮，并返回一个值。

说明：

① Prompt 是必选项，字符串表达式，是显示在对话框中的消息。

② Buttons 是可选项，数值表达式，是一些数值的总和，指定所显示的按钮的数目及形式、使用的图标样式（及声音），省略按钮及消息框的强制性等。如果省略，则其默认值为 0。

③ Title 是可选项，省略此项，则将应用程序名放入标题栏中。

该语法参数详解如表 8-23～表 8-26 所示。

表 8-23 MsgBox 函数参数

名称	说明
Prompt	必需，字符串表达式，显示在对话框中的消息。Prompt 的最大长度约为 1024 个字符，由所用字符的字节大小决定。如果 Prompt 的内容超过一行，则可以在每一行之间用回车符、换行符或是回车符与换行符的组合将各行分隔开来
Buttons	可选，数值表达式，是一些数值的总和，指定所显示的按钮的数目及形式、使用的图标样式（及声音），省略按钮及消息框的强制性等。如果省略，则其默认值为 0
Title	可选，字符串表达式，在对话框标题栏中显示的内容。如果省略 Title，则将应用程序标题（App.Title）放在标题栏中
Helpfile	可选，字符串表达式，识别用来向对话框提供上下文相关帮助的帮助文件。如果提供了 Helpfile，则也必须提供 Context
Context	可选，数值表达式，由帮助文件的作者指定给适当的帮助主题的帮助上下文编号。如果提供了 Context，则也必须提供 Helpfile

表 8-24 MsgBox 函数返回值

名称	值	说明
vbOK	1	单击"确定"按钮
vbCancel	2	单击"取消"按钮
vbAbort	3	单击"终止"按钮
vbRetry	4	单击"重试"按钮
vbIgnore	5	单击"忽略"按钮
vbYes	6	单击"是"按钮
vbNo	7	单击"否"按钮

表 8-25 Buttons 参数设置值 1

常数	值	说明
对话框中显示的按钮的类型与数目		
vbOKOnly	0	只显示"确定"按钮（默认）
vbOKCancel	1	显示"确定"按钮和"取消"按钮
vbAbortRetryIgnore	2	显示"终止"按钮、"重试"按钮和"忽略"按钮
vbYesNoCancel	3	显示"是"按钮、"否"按钮和"取消"按钮
vbYesNo	4	显示"是"按钮和"否"按钮
vbRetryCancel	5	显示"重试"按钮和"取消"按钮
图标的样式（根据系统设置，可能伴有声音）		
vbCritical	16	显示"错误信息"图标
vbQuestion	32	显示"询问信息"图标
vbExclamation	48	显示"警告消息"图标
vbInformation	64	显示"通知消息"图标

表 8-26 Buttons 参数设置值 2

常数	值	说明
默认按钮		
vbDefaultButton1	0	第 1 个按钮是默认按钮（默认）
vbDefaultButton2	256	第 2 个按钮是默认按钮
vbDefaultButton3	512	第 3 个按钮是默认按钮
vbDefaultButton4	768	第 4 个按钮是默认按钮
对话框的强制返回性		
vbApplicationModal	0	应用程序强制返回；应用程序一直被挂起，直到用户对消息框做出响应才继续工作
vbSystemModal	4096	系统强制返回：全部应用程序都被挂起，直到用户对消息框做出响应才继续工作

续表

常数	值	说明
对话框特殊设置		
vbMsgBoxHelpButton	16 384	将帮助按钮添加到消息框
vbMsgBoxSetForeground	65 536	指定消息框窗口作为前景窗口
vbMsgBoxRight	524 288	文本为右对齐
vbMsgBoxRtlReading	1 048 576	指定文本从右到左显示

4. 计时事件

VBA 没有直接提供时间控件，通过 timer 事件实现定时功能。

方法：首先设置窗体的计时器间隔（TimerInterval）属性，然后给 timer 事件编写过程代码。

打开窗体时，每隔一个时间间隔激发一次 timer 事件，事件的过程就被执行一次，从而实现"定时"处理功能。

计时器间隔的时间单位为 ms，1000ms=1s。

例 8.9 输入框、消息框和计时事件的综合应用。

要求：创建图 8-35 所示的窗体，单击"欢迎使用本系统"按钮，在打开的图 8-36 所示的"登录密码"对话框中输入密码。若密码正确，则打开图 8-33 所示的窗口，否则弹出图 8-37 所示的提示框，具体代码如图 8-38 所示。

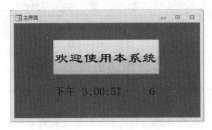

图 8-35　主界面运行窗体

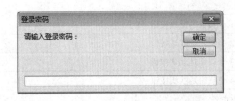

图 8-36　"登录密码"对话框

图 8-37　密码错误提示框

在主界面窗体创建一个电子表，标签 b1 中显示系统当前时间；标签 b2 中的数字每秒增加 1，数字的颜色红、蓝交替，每秒更换一次。

提示：标签(b1,b2)的标题属性设置为 1；窗体、事件、计时器间隔属性为 1000。

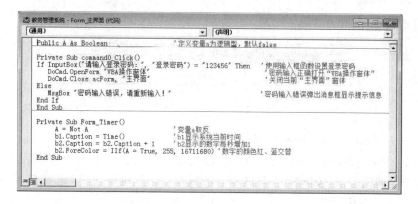

图 8-38　实现代码

8.7　VBA 程序的调试和错误处理

　　编写程序时会出现各种各样的问题，而在程序中查找并修改错误的过程称为调试。为了方便编写人员修改程序中的错误，所有的程序设计语言编辑器都提供了程序调试手段。

　　1. 程序的错误类型

　　程序中的错误主要有编译错误、运行错误和逻辑错误。

　　1）编译错误是指编程中出现的错误，主要是由于使用了含有不符合语法规定的语句，如关键字或符号书写错误，使用了未定义的变量、括号不配对等。这类错误一般在编写程序时就会被 Access 2010 检查出来，只需按照提示将有问题的地方进行修改即可。编译错误如图 8-39 所示。

　　2）运行错误是程序在运行过程中发生的错误，包括企图执行非法运算，如分母为0或向不存在的文件中写入数据。

　　3）逻辑错误是指应用程序运行时没有出现语法错误，但是没有按照既定的设计执行，生成了无效的结果。这是运行结果与期望不符的问题，也是最难处理的错误，需要对程序进行具体分析。只有通过反复设计不同的运行条件来测试程序的运行状况，才能逐步改正逻辑错误。

图 8-39　编译错误

　　2. 调试错误

　　为了发现代码中的错误并及时改正，VBA 提供了调试工具。使用调试工具不仅能帮助用户处理错误，还可以观察无错代码的运行状况。

　　（1）调试工具

　　在 VBE 窗口中，选择"视图"→"工具栏"→"调试"选项，打开"调试"工具栏，如图 8-40 所示。

图 8-40　"调试"工具栏

（2）添加断点以挂起 Visual Basic 代码的执行

1）挂起 Visual Basic 代码的执行时，代码仍在运行中，只是暂停下来。当挂起代码时，可以进行调试工作，如检查当前的变量值或单步运行每行代码。若要使 Visual Basic 暂停代码，可以设置断点。

2）在 Visual Basic 编辑器中，将插入点移到一个非断点、非声明语句行。

3）单击"调试"工具栏中的"切换断点"按钮。若要清除断点，可以将插入点移到设有断点的代码行，然后单击"调试"工具栏中的"切换断点"按钮。若要恢复运行代码，则选择"运行"→"运行子过程/用户窗体"选项。

（3）单步执行 Visual Basic 代码

1）挂起代码的执行。Access 2010 显示挂起执行时所处的代码行。

2）执行下列操作之一。

① 若要单步执行每一行代码，包括被调用过程中的代码，则单击"调试"工具栏中的"逐语句"按钮。

② 若要单步执行每一行代码，但将被调用的过程视为一个单元运行，则单击"调试"工具栏中的"逐过程"按钮。

③ 若要运行当前代码行之前的代码，然后中断，以便后面单步执行每一行代码，则选择"调试"→"运行到光标处"选项。

④ 若要运行当前过程中的剩余代码，然后返回调用树中前一个过程的下一行代码，可单击"调试"工具栏中的"跳出"按钮。

3）在以上这些单步执行的类型中，可根据要分析哪一部分的代码进行相应的选择。

（4）调试 Visual Basic 代码的同时执行快速监视

1）挂起 Visual Basic 代码的执行。

2）选择要查看其值的表达式。

3）单击"调试"工具栏中的"快速监视"按钮，Access 2010 将打开"快速监视"对话框，从中可以查看表达式及表达式的当前值。单击对话框中的"添加"按钮，可以将表达式添加到 Visual Basic 编辑器的监视窗口中的监视表达式列表中。

（5）在调试 Visual Basic 代码时跟踪 Visual Basic 的过程调用

调试代码期间，当挂起 Visual Basic 代码执行时，可以使用"调用"对话框查看一系列已经开始执行但还没有完成的过程。

1）挂起 Visual Basic 代码的执行。

2）单击"调试"工具栏中的"调用堆栈"按钮。

3）Access 2010 将在列表的顶端显示最近调用的过程，接着是倒数第二个最近调用的过程，以此类推。若要在列表中显示调用下一个过程的语句，单击"显示"按钮即可。

8.8　VBA 数据库编程

前面已经介绍了使用各种类型的 Access 2010 数据库对象来处理数据的方法和形式。实际上，要想快速、有效地管理好数据，开发出更具实用价值的 Access 2010 数据库应用程序，还应当了解和掌握 VBA 的数据库编程方法。

8.8.1　数据库引擎及其接口

VBA 是通过 Microsoft Jet 数据库引擎工具来支持对数据库的访问。数据库引擎实际上是一组动态链接库（dynamic link library，DLL），当程序运行时被链接到 VBA 程序而实现对数据库的数据访问功能。数据库引擎是应用程序与物理数据库之间的桥梁，它以一种通用接口的方式，使各种类型的物理数据库对用户而言都具有统一的形式和相同的数据访问与处理方法。

VBA 中主要提供了 3 种数据库访问接口。

1）开放数据库连接应用编程接口（open database connectivity API，ODBC API）。目前 Windows 提供的 32 位 ODBC 驱动程序对每一种客户/服务器数据库、最流行的索引顺序访问方法、数据库（Jet、dBASE、FoxBASE 和 FoxPro）、扩展表（Excel）和定界文本文件都可以操作。在 Access 2010 应用中，直接使用 ODBC API 需要大量 VBA 函数原型声明和一些烦琐、低级的编程。因此，实际编程很少直接进行 ODBC API 的访问。

2）数据访问对象。数据访问对象提供一个访问数据库的对象模型。利用其中定义的一系列数据访问对象，如 Database、QueryDef、RecordSet 等对象，实现对数据库的各种操作。

3）ActiveX 数据对象。ActiveX 数据对象是基于组件的数据库编程接口，是一个和编程语言无关的 COM 组件系统。使用它可以方便地连接任何符合 ODBC 标准的数据库。

8.8.2　VBA 访问数据库的类型

VBA 通过数据库引擎可以访问的数据库有以下 3 种类型。

1）本地数据库：Access 2010 数据库。

2）外部数据库：指所有的索引顺序访问方法数据库。

3）ODBC 数据库：符合开放数据库连接标准的客户/服务器数据库，如 Oracle、Microsoft SQL Server 等。

8.8.3　数据访问对象

数据访问对象包含了很多对象和集合,通过 Jet 引擎来连接 Access 2010 数据库和其他的 ODBC 数据库。

数据访问对象模型为进行数据库编程提供了需要的属性和方法。利用数据访问对象可以完成对数据库的创建,如创建表、字段和索引,完成对记录的定位和查询及对数据库的修改和删除等。

数据访问对象完全在代码中运行,使用代码操纵 Jet 引擎访问数据库数据,能够开发出更强大、更高效的数据库应用程序。使用数据访问对象开发应用程序,使数据访问更有效,同时对数据的控制更灵活、更全面,给程序员提供了广阔的发挥空间。

数据访问对象模型是一个分层的树形结构。这个树形结构包括对象、集合、属性和方法。Microsoft Jet 工作区的对象模型如图 8-41 所示,图中有底纹的方框表示对象,无底纹的方框表示集合。

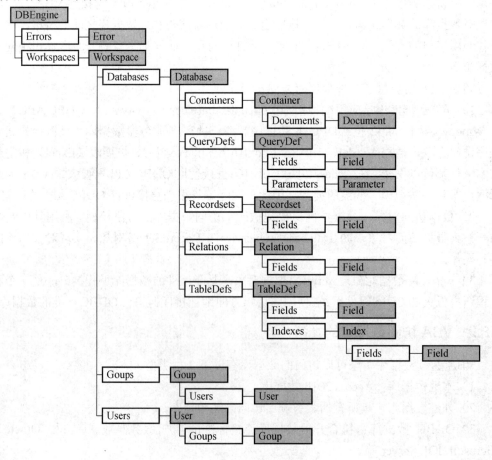

图 8-41　数据访问对象的树形结构

需要指出的是，在 Access 2010 模块设计时要想使用数据访问对象的各个访问对象，首先应该增加一个对数据访问对象库的引用。Access 2010 的数据访问对象引用库为 DAO 3.6，其引用设置方式为先进入 VBA 编程环境，然后选择"工具"→"引用"选项，打开"引用-Database"对话框，如图 8-42 所示，选中"可使用的引用"列表框中的"Microsoft DAO 3.6 Object Library"复选框并单击"确定"按钮即可。

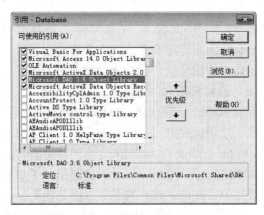

图 8-42   "引用-Database"对话框

下面分别介绍主要的对象。

1. DBEngine 对象

在数据访问对象的分层结构中可以看到，DBEngine 对象是顶层对象，它包含了其他所有的数据访问对象和集合，是唯一不被其他对象所包含的数据访问对象，实际上，DBEngine 对象就是 Jet 数据库引擎本身。

DBEngine 对象的常用属性如下。

1）Version 属性：用于返回当前所用的 Jet 引擎的版本。

2）DefaultUser 属性：用于指定默认的 Workspace 初始化时使用的用户名。

3）DefaultPassword 属性：用于指定默认的 Workspace 初始化时使用的密码。

DBEngine 对象的常用方法是 CreateWorkspace 方法。

DBEngine 对象包含一个 Workspace 对象集合，该集合由一个或多个 Workspace 对象组成。如果要建立一个新的 Workspace 对象，则应当使用 CreateWorkspace 方法。

语法格式：

```
Set myWs=DBEngine.CreateWorkspace(name,user,password,type)
```

其中，myWs 是一个 Workspace 对象，name 表示指定工作区的名称，user 表示设置该工作区的用户名，password 是使用者的密码，type 是指用于确定即将创建的 Workspace 对象类型的可选参数。使用数据访问对象可以创建两种类型的 Workspace 对象，即 Jet 型和 ODBC 型，对应这两种类型的常量分别是 dbUseJet 和 dbUseODBC。

例如，创建一个名称为 ws1 的工作区的语句如下：

```
Dim ws1 As Workspace
Set ws1=DBEngine.CreateWorkspace("ws1","lichun","")
```

2. Workspace 对象

DBEngine 对象中有一个 Workspace 对象集合，该集合包含了当前可使用的 Workspace 对象。Workspace 为用户定义了一个有名称的会话区。会话是指当用户使用 Microsoft Jet 引擎连接了数据库由登录开始直到最后退出的时间段。每个人会话期间所能使用的权限，由个人的名称和密码来确定。在一个会话中，可以打开多个数据库或连接。使用 Workspace 对象可以管理当前会话，也可以开始一个新的会话。

Workspace 对象定义了使用何种方式与连接数据。在数据访问对象中，可以根据数据源来选择使用 Microsoft Jet 引擎或 ODBCDirect 中的任意一种。而连接方式的实现，则可以通过 Workspace 对象来定义。Workspace 对象还提供了事务处理，为保证数据库的完整性提供了支持。引用 Workspace 对象的通常方法是使用 Workspaces 集合，对象在集合中的索引从 0 开始。当用户初次使用 Workspace 属性时，将使用 DBEngine 对象的 DefaultType、DefaultUser 和 DefaultPassword 属性的值自动创建一个默认的工作区对象，并将其自动添加到工作区集中，引用该工作区的对象可以使用 Workspaces(0)。在 Workspaces 集合中引用对象，既可以通过在集合中的索引来引用，也可以通过对象的名称来引用。例如，在 Workspaces 集合中要引用索引为 1 的、名称为"myWs"的 Workspace 对象，可以使用以下两种方法。

```
DBEngine.Workspaces(1)
DBEngine.Workspaces("myWs")
```

注意：通过工作区集合来引用对象前，必须将新创建的工作区对象添加到集合中，否则，只能使用 Workspace 对象变量来引用。

Workspace 对象的常用属性如下。

1）Name 属性：指定 Workspace 对象的名称，该属性用来唯一标识一个 Workspace 对象。

2）UserName 属性：该属性是一个只读属性，标识使用者的名称。

Workspace 对象的常用方法如下。

1）CreateDatabase 方法：该方法用于创建数据库文件。

语法格式：

```
Set db=Workspace.CreateDatabase(name,local,options)
```

其中，db 是之前定义的数据库类型变量，代表新建立的数据库对象；Workspace 是之前定义的 Workspace 类型变量，表示所使用的工作环境，将包含新的数据库对象；name

是将要新建的数据库的文件路径和名称；local 用来指定字符串比较的规则，一般按英文字母顺序比较，可以指定为 dbLangGeneral；options 是一个可选项，用来指定数据格式的版本及数据库是否加密，一般情况下，可以不指定此项。

例如，在 C 盘的 VB 目录下建立一个名为 sample 的数据库文件的语句如下：

```
Set NewDB=NewWS.CreateDatabase("C:\VB\sample",dbLangGeneral)
```

2）OpenDatabase 方法：该方法用于打开一个已有的数据库，返回一个数据库对象，并自动将该数据库对象加入到 Workspace 的数据库对象集中。

语法格式：

```
Set db=Workspace.OpenDatabase(databasename,options,read-only,
                              connect)
```

其中，databasename 是一个有效的 Jet 数据库文件或 ODBC 数据源。options 是对不同的数据源有不同的设置，对于 Jet 数据库文件该参数为布尔型，True 表示以独占方式打开数据库，而 False 表示以共享方式打开数据库；对于 ODBC 数据源，该参数设置建立连接的方式，即是否提示用户和何时提示用户。read-only 用于说明是否以只读方式打开数据库，为布尔型。connect 说明不同的连接方式及密码。

例如，打开 C 盘的 DB 目录下的名为 sample 的数据库文件的语句如下：

```
Set db=NewWS.OpenDatabase("C:\DB\sample",True,False)
```

注意：在打开一个已有的数据库时，必须保证提供的数据库路径是有效的。如果 databasename 参数指定的数据库不存在，将产生一个错误。

3）Close 方法：该方法用于关闭一个 Workspace 对象。使用该方法后，这个 Workspace 对象自动从集合中移去。如果一个 Workspace 对象中有打开的数据库对象或连接对象，则对该 Workspace 对象使用 Close 方法，都将导致其中的数据库对象或连接对象自动关闭。

语法格式：

```
Workspace.Close
```

例如，以下代码将创建一个 works.mdb 数据库文件。

```
Dim ws As Workspace
Dim db As Database
Set ws=DBEngine.Workspaces(0)
Set db=db.CreateDatabase("c:\db\works.mdb",dbLangGerneral)
```

3. Database 对象

使用数据访问对象编程，Database 对象及其包含的对象集是最常用的。Database 对象代表了一个打开的数据库，对数据库的所有操作都必须先打开数据库。Workspace 对象包含一个 Database 对象集合，该对象集合包含了若干个 Database 对象。

Database 对象包含 TableDef、QueryDef、Container、Recordset 和 Relation 5 个对象集合。

使用 Database 对象，可以定义一个 Database 变量，也可以通过 Workspace 对象中的 Database 对象集来引用。使用 CreateDatabase 方法和 OpenDatabase 方法将返回一个数据库对象，同时该数据库对象自动添加到 Database 对象集合中。

注意：在使用 Database 变量时，应当使用 Set 关键字为该变量赋值。

Database 对象的常用属性如下。

1）Name 属性：用于标识个数据库对象。

2）Version 属性：返回使用的 Jet 版本（对应于 Jet 数据库）或 ODBC 驱动程序版本（对应于 ODBC 数据源）。

3）Updatable 属性：指明该数据库对象是否可以被更新或更改。

Database 对象的常用方法如下。

1）CreateQueryDef 方法：该方法用于创建一个新的查询对象。

语法格式：

```
Set querydef=database.CreateQueryDef(name,sqltext)
```

如果 name 参数不为空，表明建立一个永久的查询对象；若 name 参数为空，则会创建一个临时的查询对象。sqltext 参数是一个 SQL 查询命令。

2）CreateTableDef 方法：该方法用于创建一个 TableDef 对象。

语法格式：

```
Set table=database.CreateTableDef(name,attribute,source,connect)
```

其中，table 是之前已经定义的表类型的变量；database 是数据库类型的变量，它将包含新建的表；name 是新建表的名称；attribute 用来指定新创建表的特征；source 用来指定外部数据库表的名称；connect 字符串变量包含一些数据库源信息。最后 3 个参数在访问部分数据库表时才会用到，一般可以默认这几项。

3）Execute 方法：该方法用于执行一个动作查询。

4）OpenRecordset 方法：该方法用于创建一个新的 Recordset 对象，并自动将该对象添加到 Database 对象的 Recordset 记录集合中。

语法格式：

```
Set recordset=database.OpenRecordset(source,type,options,lockedits)
```

其中，source 是记录集的数据源，可以是该数据库对象对应数据库的表名，也可以是 SQL 查询语句。如果 SQL 查询返回若干个记录集，可使用 Recordset 对象的 NextRecordset 方法来访问返回的各个记录集。type 指定新建的 Recordset 对象的类型，共有以下几种类型。

① dbOpenTable：表类型。

② dbOpenDynaset：动态集类型。

③ dbOpenSnapshot：快照类型。

④ dbOpenForwardOnly：仅向前类型。

⑤ dbOpenDynamic：动态类型。

一般如果 source 是本地表，则 type 的默认值为表类型。options 指定新建的 Recordset 对象的一些特性，常用的有以下几种。

① dbAppendOnly：只允许对打开表中的记录进行添加，不允许删除或修改记录。这个特性只能在动态集类型中使用。

② dbReadOnly：只读特性，赋予此特性后，用户不能对记录进行修改或删除。

③ dbSeeChanges：如果一个用户要修改另一个正在编辑的数据，则产生错误。

④ dbDenyWrite：禁止其他用户修改或添加表中的记录。

⑤ dbDenyRead：禁止其他用户读取表中的记录。

lockedits 控制对记录的锁定，一般可以忽略。

5）Close 方法：该方法用于移去数据库集合中的数据库对象。如果在数据库对象中有打开的记录集对象，使用该方法会自动关闭记录集对象。

关闭数据库对象，也可以使用代码：Set database=Nothing。

4. TableDef 对象

关系数据库由二维表组成，TableDef 对象正是代表了数据库结构中的表结构。在创建数据库的时候，对要生成的表，必须创建一个 TableDef 对象来完成对表的字段的创建。

TableDef 对象的常用属性如下。

1）SourceTableName 属性：该属性指出链接表或基本表的名称。

2）Updatable 属性：该属性指出表是否可以更新。

3）Recordcount 属性：该属性指出表中所有记录的个数。

4）Attributes 属性：该属性指出表对象对应表的状态，可有 6 种状态。

5）ValidationRule 属性：该属性指出表的有效性规则。

6）ValidationText 属性：该属性指出表中内容不符合有效性规则时显示的警告信息。

TableDef 对象的常用方法如下。

1）CreateField 方法：该方法用于创建字段对象。

语法格式：

```
Set field=table.CreateField(name,type,size)
```

其中，field 是之前新定义的 Field 对象变量；table 为表类型变量，它将包含新建的 Field 字段；name 为新定义的字段名称；type 为新定义字段的类型；size 指定字段的最大长度。

2）CreateIndex 方法：该方法用于创建表的索引。

语法格式：

```
Set index=table.CreateIndex("name")
```

其中，index 是之前新定义的 index 对象变量；table 为表类型变量，它将包含新建的 index 索引；name 为新建的索引名称。

仅创建索引还不够，还要为新索引指定索引字段，这样 index 就可以按照这个字段对记录进行索引了。

3）OpenRecordset 方法：在 Database 对象中 OpenRecordset 方法用于建立新的记录集，TableDef 对象也有这样一个方法。所不同的是，Database 对象中的 OpenRecordset 方法允许指定数据源，数据源可以是数据库中的表名，也可以是 SQL 查询语句，但 TableDef 对象中的 OpenRecordset 方法的数据源只能是该对象所对应的表。

语法格式：

```
Set recordset=tabledef.OpenRecordset(type,options,lockedits)
```

其中，recordset 是之前定义的 Recordset 对象变量；type 指定新建的 Recordset 对象的类型，共有 5 种类型（参见 Database 对象的 OpenRecordset 方法）；source 指定 Recordset 对应记录的来源，只能是一个表的名称；options 指定新建的 Recordset 对象的一些特性。

5. Recordset 对象

Recordset 对象是记录集对象，它可以表示表中的记录或表示一组查询的结果，要对表中的记录进行添加、删除等操作，都要通过对 Recordset 对象进行操作来实现。Recordsets 是包含多种类型的 Recordset 对象的集合。

Recordset 对象有 5 种类型：表、动态集、快照、动态和仅向前，最常用的是前 3 种。

1）表类型：这种类型的 Recordset 对象直接表示数据库中的一个表，当对 Recordset 对象进行添加、删除、修改等操作时，数据库引擎就会打开实际的表进行相应的操作，相应表中的记录就会改变。但是表类型的 Recordset 对象不能对 ODBC 数据库或链接表进行操作，也不能对联合查询进行操作。表类型是 Recordset 对象类型中最常用的一种。

2）动态集类型（dbOpenDynaset）：这种类型的 Recordset 对象可以表示本地或链接的表，也可以作为返回的查询结果。动态集对象和它所表示的表同样可以动态地互相更新，就是说当一方改变时，另一方会随之改变。但是，这种类型的 Recordset 对象的最大缺点是速度较慢。

3）快照类型（dbOpenSnapshot）：这种类型的 Recordset 对象所包含的数据、记录是固定的，它所表示的是数据库某一时刻的状况，就像照一张照片一样，一般情况下快照类型的 Recordset 对象中的数据是不能更新的。快照类型的 Recordset 对象可以对应多个表中的数据。

Recordset 对象的常用属性如下。

1）RecordCount 属性：该属性用于返回 Recordset 对象中的记录个数。

注意：在 Recordset 对象刚打开时，该属性不能正确返回记录集中的记录个数，要得到正确的结果，应打开记录集后，使用 MoveLast 方法才能得到准确的结果。

2）AbsolutePosition 属性：在表中移动指针，最直接的方法就是使用 AbsolutePosition 属性，利用它可以直接将记录指针移动到某一条记录处。

语法格式：

```
Recordset.AbsolutePosition=n
```

其中，Recordset 为 Recordset 对象变量，表示一个打开的表；n 表示记录指针要指向的记录号，范围是 0～记录总个数。

3）Sort 属性：如果使用动态集类型或快照类型记录集，都可以使用该属性来排序，使用的方法和效果与 SQL Select 命令中的 Order By 子句是相同的。其使用方式是先将该属性设置为需要排序的字段名，然后将该 Recordset 对象重新打开一次即可。

4）Filter 属性：该属性提供了记录过滤功能。使用该属性设置过滤功能，则再次打开记录集将只返回符合条件的记录。该属性的功能同 SQL Select 命令中的 Where 子句是相同的。该属性用于动态集类型、快照类型或仅向前类型的记录集。

Recordset 对象的常用方法如下。

1）AddNew 方法：增加记录首先要打开一个数据库和一个表，然后用 AddNew 方法创建一条新记录。

语法格式：

```
Recordset.AddNew
```

其中，Recordset 是一个表类型或动态集类型的 Recordset 对象，表示一个已经打开的表。

2）Update 方法：该方法用于记录更新。在给记录赋值后，需要使用 Update 方法将新记录加入数据库，也就是刷新表。这样，新的记录才真正加入了数据库。

语法格式：

```
Recordset.Update
```

其中，Recordset 是一个表类型或动态集类型的 Recordset 对象，表示一个已经打开的表。

3）Edit 方法：该方法是对已有的记录进行修改或编辑。

语法格式：

```
Recordset.Edit
```

其中，Recordset 是一个表类型或动态集类型的 Recordset 对象，表示一个已经打开的表。

4）Delete 方法：该方法用于删除一条记录。

语法格式：

```
Recordset.Delete
```

其中，Recordset 是一个表类型或动态集类型的 Recordset 对象，表示一个已经打开的表。

5）Move 及其系列方法：当 Recordset 对象建立后，系统就会自动生成一个指示器，指向表中的第一条记录，称为记录指针。当要对表中的某一条记录进行修改或删除时，必须先将记录指针指向该记录，告诉系统将对哪条记录进行操作，然后才能修改或删除。所以记录指针在数据库中是非常重要的。下面先介绍几种指针移动和定位的方法。

在 VB 中使用 Move 及其系列方法可以使指针相对于某一条记录移动，也就是做相对移动，这些方法非常直观且容易控制，是很常用的方法。

语法格式：

```
Recordset.Move rows,start
```

其中，Recordset 是 Recordset 对象变量，表示一个已打开的表；rows 表示要相对移动的行数，如果为正值，表示向后移动，如果为负值，表示向前移动；start 是一条记录的 Bookmark 值，指示从哪条记录开始相对移动，如果这项不给出，则从当前记录开始移动指针，一般情况下这项可以省略。

除了直接使用 Move 方法之外，还有一些 Move 系列方法，可以很方便地控制指针的移动。

语法格式：

```
Recordset.MoveFirst
Recordset.MoveLast
Recordset.MoveNext
Recordset.MovePrevious
```

其中，Recordset 为 Recordset 对象变量，表示一个已打开的表；MoveFirst 表示将移动指针到表中第一条记录；MoveLast 表示将移动指针到表中最后一条记录；MoveNext 表示将指针移动到当前记录的下一条记录上，等价于 Recordset.Move+1；MovePrevious 表示将指针移动到当前记录的上一条记录上，等价于 Recordset.Move-1。

6）Find 方法：Seek 方法可以定位符合条件的第一条记录，当需要用特殊方法定位记录时，如定位符合条件的下一条记录、上一条记录等，可以使用 Find 方法。

语法格式：

```
Recordset.FindFirst 条件表达式
Recordset.FindLast 条件表达式
Recordset.FindNext 条件表达式
Recordset.FindPrevious 条件表达式
```

其中，Recordset 为 Recordset 对象变量，表示一个已打开的表；FindFirst 为查找满足条件的第一条记录，与 Seek 类似；FindLast 为查找表中满足条件的最后一条记录；FindNext 为从当前记录开始查找表中满足条件的下一条记录；FindPrevious 为从当前记录开始查找表中满足条件的前一条记录。

7）Seek 方法：在使用 Seek 方法之前需要先建立索引，并且要确定索引字段，然后通过与 Seek 方法给出的关键字比较，将指针指向第一条符合条件的记录。

语法格式：

```
Recordset.Seek=比较运算符,关键字 1,关键字 2,…
```

其中，Recordset 为 Recordset 对象变量，表示一个已打开的表；比较运算符为可用的比较运算符，如>、<、=等；关键字为当前主索引的关键字段，如果有多个索引，则关键字段可以给出多个。

注意：在 Seek 后面给出关键字时要与索引字段的类型一致，否则将找不到需要的记录。

8）Close 方法：当 Recordset 对象使用完毕后，就应该将它删除，也就是关闭已经打开的表，删除 Recordset 对象也是用 Close 方法。

语法格式：

```
Recordset.Close
```

其中，Recordset 为已经创建的 Recordset 对象的名称。

6. QueryDef 对象

QueryDef 对象表示一个查询，永久的查询存储在数据库中。通常查询结果总是返回一个表，所以可以把 QueryDef 对象当作一个表来使用，如把该对象作为一个数据源等。

如果需要在运行时重复进行某些查询，而又无须将这个查询存入磁盘，那么可以创建临时的查询对象。临时对象并不加入 Database 对象的 QueryDef 对象集合中。

QueryDef 对象有两个对象集合，即 Parameter 对象集和 Field 对象集，前者包含所有变量对象的集合，后者是字段对象集合。

使用 SQL 查询可以提高访问和操作数据库的效率，而 QueryDef 对象是在数据访问对象中使用 SQL 查询的最好的选择。

SQL 属性是 QueryDef 对象的常用属性，它定义了一个 QueryDef 对象的查询内容，该属性包含了 SQL 语句，决定了执行时记录集的选择条件、分类和排序等内容。可以使用查询为动态集类型、快照类型或向前类型记录集选择记录，或对记录集进行修改。

语法格式：

```
QueryDef.SQL=sqlstatement
```

其中，sqlstatement 是一个字符串参数，包含了 SQL 语句。

QueryDef 对象的常用方法如下。

1）Execute 方法：该方法用于对数据库执行一个查询，该查询必须是一个动作查询。动作查询是指复制或改变数据的查询，如添加、删除和创建表等，其特点是不返回记录。如果使用 Execute 方法执行一个其他类型的查询，则会产生一个错误。

语法格式：

```
QueryDef.Execute options
```

其中，options 是一个可选参数，可以使用一个选择或多个选择，多个选择是单个选择相加的结果。

2）OpenRecordset 方法：该方法用于返回一个记录集，该记录集中的记录是由查询对象的内容决定的。该方法的使用语法与 TableDef 对象的 OpenRecordset 方法是一样的。

7. Field 对象

数据库包含的每个表都有多个字段，每个字段是一个 Field 对象。因此，在 TableDef 对象中有一个 Field 对象集合，即 Fields，可以使用 Field 对象对当前记录的某一字段进行读取和修改。

为了在 Fields 集合中标识某个 Field 对象，通常使用以下两种格式：

```
Fields("fieldname")
Fields("no")
```

其中，fieldname 指明字段的名称；no 指明该字段在 Fields 集合中的索引号，索引号从 0 开始编号。

Field 对象的常用属性如下。

1）Size 属性：该属性指定字段的最大字节数。一个字段的 Size 属性是由它的 Type 属性决定的。

2）Value 属性：该属性是 Field 对象的默认属性，用以返回或设置字段的值。由于该属性是 Field 对象的默认属性，所以在使用该属性时可以不必显式表示。

例如，以下两行代码的作用是相同的。

```
rst.Fields("学号")="102"
rst.Fields.Value("学号")="102"
```

3）SourceField 和 SourceTable 属性：这两个属性分别表示字段中的数据来源的字段或表的名称，这两个属性是只读的。如果一个记录集是建立在几个表上的查询结果，根据查询语句的不同，字段可以与数据来源的标记具有相同的名称，也可以有不同的名称。如果希望知道该字段是哪个字段，则可以使用这两个属性。

Field 对象的常用方法如下。

1）AppendChunk 方法：该方法用于向 Memo 或 Long Binary 类型的字段添加数据。该方法允许把不大于 64KB 的数据段添加到字段中。

语法格式：

```
Field.AppendChunk source
```

其中，source 参数是需要添加到字段中的数据的字符串表达式。

2）GetChunk 方法：该方法用于对大型字段的数据进行分段读取。

语法格式：

```
Field.GetChunk offset,num
```

其中，offset 参数是偏移量，其值小于 64KB，表示从此位置开始复制；num 指明了需要读取的字节数，最大不超过 64KB。通过多次使用该方法，可以提取大型字段中的数据。

8．Index 对象

可以为新的数据库创建索引。索引是指定数据库的记录按照一定的顺序排序，这样可以提高访问和存储效率，当然，索引不是必须创建的。

创建的每一个索引都是一个 Index 对象，每个 Index 对象中包含若干个 Field 对象，这些 Field 是用来指定数据库将按照哪个字段进行索引的。

Index 对象的常用属性如下。

1）Primary 属性：该属性确定一个索引是否是唯一的，即是否是主索引。对于主索引而言，它必须是唯一的，而且不能为 Null 值。

2）Unique 属性：该属性用于决定一个索引是否允许有相同的关键字段值的记录存在。如果 Index 对象的 Unique 属性为 True，表示没有两个记录的关键字段的数据值是相同的。

Index 对象的常用方法如下。

1）CreateField 方法：该方法的使用与 TableDef 对象的 CreateField 方法相似，所不同的是，在 Index 对象中，创建的字段只是为了说明索引的字段，因此该方法中的类型参数和大小参数被忽略。

语法格式：

```
Set field=index.CreateField("name")
```

其中，field 为之前新定义的 Field 对象变量；index 为上一步新建的索引对象变量；name 为数据表中原有的字段名称，指示索引将按此字段排序。

2）Append 方法：该方法用于向一个表的 Index 集合（Indexes）中添加一个新的索引。

语法格式：

```
Table1.Indexes.Append "indexname"
```

其中，Table1 是包含索引的表的名称；indexname 是要添加的索引的名称。

3）Delete 方法：该方法用于从 Index 集合中删除一个表中的索引。

语法格式：

```
Table1.Indexes.Delete "indexname"
```

其中，Table1 是包含该索引的表的名称；indexname 是要删除的索引的名称。

例 8.10 设计一个窗体，向"教务管理系统"数据库的"课程信息表"中添加一条记录。

要求：运行窗体，单击其中的"添加记录（课程信息表）"按钮，即向"课程信息表"中添加一条记录。运行窗体如图 8-43 所示，代码窗口如图 8-44 所示。

图 8-43 运行窗体（数据访问对象）

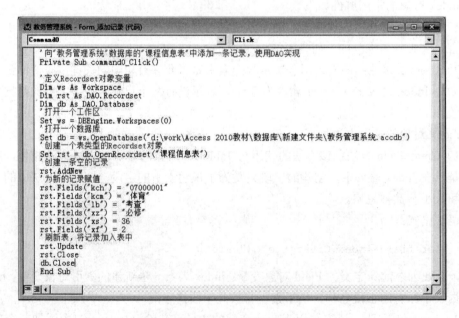

图 8-44 代码窗口（数据访问对象）

8.8.4　ActiveX 数据对象

　　ActiveX 数据对象是基于组件的数据库编程接口，它是一个和编程语言无关的 COM 组件系统，可以对来自多种数据提供者的数据进行读取和写入操作。

　　ActiveX 数据对象使用了与数据访问对象相似的约定和特性，但当前并不支持数据访问对象的所有功能。

　　ActiveX 数据对象具有非常简单的对象模型，包括以下 7 个对象：Connection、Command、Parameter、Recordset、Field、Property 和 Error；还包含以下 4 个集合：Fields、Properties、Parameters 和 Errors。ActiveX 数据对象的核心是 Connection、Recordset 和 Command 对象。

　　需要指出的是，在 Access 2010 模块设计时要想使用 ActiveX 数据对象的各个访问对象，首先应该增加一个对 ActiveX 数据对象库的引用。Access 2010 的 ActiveX 数据对象引用库为 ADO 2.0，其引用设置方式为先进入 VBA 编程环境，选择"工具"→"引用"选项，打开"引用-Database"对话框，在"可使用的引用"列表框中选中"Microsoft ActiveX Data Objects Recordset 2.0 Library"复选框，并单击"确定"按钮即可。

　　下面介绍 ActiveX 数据对象的主要对象。

　　1. Connection 对象

　　Connection 对象用于建立与数据源的连接。在客户/服务器结构中，该对象实际上表示了同服务器实际的网络连接。

　　建立和数据库的连接是访问数据库必要的一步，ActiveX 数据对象打开连接的主要方法是通过 Connection 对象来连接数据库，即使用 Connection.Open 方法。另外，也可在同一操作中调用快捷方法 Recordset.Open 打开连接并在该连接上发出命令。

　　Connection 对象的常用属性如下。

　　1）ConnectionString 属性：该属性为连接字符串，用于建立和数据库的连接，它包含了连接数据源所需的各种信息，在打开之前必须设置该属性。

　　2）ConnectionTimeout 属性：该属性用于设置连接的最长时间。如果在建立连接时，等待时间超过了这个属性所设置的时间，则会自动终止连接操作的尝试，并产生一个错误。其默认值是 15s。

　　3）DefaultDatabase 属性：该属性为 Connection 对象指明一个默认的数据库。

　　Connection 对象的常用方法如下。

　　1）Open 方法：该方法用于建立同数据源的连接。该方法完成后，就建立了同数据源的物理连接。

　　语法格式：

```
Connection.Open connectionString,userID,password,options
```

其中，connectionString 是前面指出的连接字符串；userID 是建立连接的用户代号；password是建立连接的用户口令；options参数提供了连接选择，是一个ConnectOptionEnum值，可以在对象浏览器中查看各个枚举值的含义。

2）Close 方法：该方法用于关闭一个数据库连接。

注意：关闭一个数据连接对象（并不是指将其从内存中移去），该连接对象仍然驻留在内存中，可以更改其属性后重新建立连接。如果要将该对象从内存中移去，可使用以下代码：Set Connection=Nothing。

3）Execute 方法：该方法用于执行一个 SQL 查询。该方法既可以执行动作查询，也可以执行选择查询。

2. Recordset 对象

Recordset 对象包含某个查询返回的记录及那些记录中的游标。可以在不用显式地打开 Connection 对象的情况下，打开一个 Recordset（如执行一个查询）。不过，如果选择创建一个 Connection 对象，就可以在同一个连接上打开多个 Recordset 对象。任何时候，Recordset 对象所指的当前记录均为集合内的单条记录。

Recordset 对象的常用属性如下。

1）AbsolutePage 属性：指定当前记录所在的页。

2）AbsolutePosition 属性：指定 Recordset 对象当前记录的序号位置。

3）ActiveConnection 属性：指示指定的 Command 或 Recordset 对象当前所属的 Connection 对象。

4）Bof 属性：指示当前记录位置位于 Recordset 对象的第一条记录之前。

5）Eof 属性：指示当前记录位置位于 Recordset 对象的最后一条记录之后。

6）Filter 属性：为 Recordset 对象中的数据指示筛选条件。

7）MaxRecords 属性：指示通过查询返回 Recordset 对象的记录的最大个数。

8）RecordCount 属性：指示 Recordset 对象中记录的当前记录数。

9）Sort 属性：指定一个或多个 Recordset 对象以之排序的字段名，并指定按升序还是降序对字段进行排序。

10）Source 属性：指示 Recordset 对象中数据的来源（Command 对象、SQL 语句、表的名称或存储过程）。

Recordset 对象的常用方法如下。

1）AddNew 方法：为可更新的 Recordset 对象创建新记录。

2）Cancel 方法：取消执行挂起的异步 Execute 或 Open 方法的调用。

3）CancelUpdate 方法：取消在调用 Update 方法前对当前记录或新记录所做的任何更改。

4）Delete 方法：删除当前记录或记录组。

5）Move 方法：移动 Recordset 对象中当前记录的位置。

6）MoveFirst、MoveLast、MoveNext 和 MovePrevious 方法：移动到指定 Recordset 对象中的第一条、最后一条、下一条或上一条记录，并使该记录成为当前记录。

7）NextRecordset 方法：清除当前 Recordset 对象并通过执行命令序列返回下一个记录集。

8）Open 方法：打开游标。

语法格式：

```
Recordset.Open source,activeconnection,cursortype,locktype,options
```

其中，source 参数可以是一个有效的 Command 对象的变量名，或是一个查询、存储过程或表名等；activeconnection 参数指明该记录集是基于哪个 Connection 对象连接的，必须注意这个对象应是已建立的连接；cursortype 指明使用的游标类型；locktype 指明记录锁定方式；options 是指 source 参数中内容的类型，如表、存储过程等。

9）Requery 方法：通过重新执行对象所基于的查询来更新 Recordset 对象中的数据。

10）Save 方法：将 Recordset 对象保存（持久）在文件中。该方法不会导致记录集的关闭。

语法格式：

```
Recordset.Save filename
```

其中，filename 是要存储记录集的文件完整的路径和文件名。

注意：该方法只有在记录集建立以后才可以使用。在第一次使用该方法存储记录集后，如果需要往同一文件存储同样的记录集，则应省略该文件名。

11）Update 方法：保存对 Recordset 对象的当前记录所做的所有更改。

例 8.11 采用 ActiveX 数据对象实现例 8.10 的功能。

要求：其运行窗体如图 8-45 所示，代码窗口如图 8-46 所示。

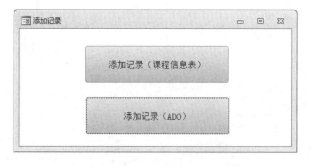

图 8-45 运行窗体（ActiveX 数据对象）

图 8-46　代码窗口（ActiveX 数据对象）

习题

1. Access 模块的类型有哪些?
2. VBA 过程和函数的主要区别是什么?
3. VBA 的循环结构有哪些? 格式是怎样的?
4. 如何定义常量和变量?
5. VBA 访问数据库的类型有哪些?

参 考 文 献

方洁，胡征，2014．数据库原理及应用：Access 2010[M]．北京：中国铁道出版社．

桂思强，2003．Access 数据库设计基础[M]．北京：中国铁道出版社．

李春葆，曾平，2005．数据库原理与应用：基于 Access[M]．北京：清华大学出版社．

李杰，郭江，2007．Access 2003 实用教程[M]．北京：人民邮电出版社．

李雁翎，王连平，李允俊，2003．Access 数据库应用技术[M]．北京：中国铁道出版社．

卢湘鸿，2007．数据库 Access 2003 应用教程[M]．北京：人民邮电出版社．

吕英华，2014．Access 数据库技术及应用[M]．2 版．北京：科学出版社．

启明工作室，2006．Access 数据库应用实例完全解析[M]．北京：人民邮电出版社．

宋绍成，孙艳，2007．Access 数据库程序设计[M]．北京：中国铁道出版社．

夏玮，李朝晖，2005．Access 数据库应用教程与实训[M]．北京：科学出版社．

张成叔，2013．Access 数据库程序设计[M]．4 版．北京：中国铁道出版社．

张强，2005．中文 Access 2003 入门与实例教程[M]．北京：电子工业出版社．

仲巍，许小荣，2006．Access 2002 数据库基础与应用[M]．北京：海洋出版社．

朱广华，2014．Access 2010 数据库应用技术[M]．北京：中国铁道出版社．

訾秀玲，于宁，2006．Access 数据库应用技术[M]．北京：中国铁道出版社．